DIANLI DASHUJU ANQUAN

电力
大数据安全

田建伟 朱宏宇 乔 宏 方 璐 编著

中国电力出版社
CHINA ELECTRIC POWER PRESS

内 容 提 要

本书根据国内电力大数据的发展方向，结合大数据时代的安全要求，对电力大数据的基础设施安全问题进行阐述，围绕电力大数据安全，分别对电力大数据安全保障技术、电力大数据网络安全保密技术和电力大数据信息安全策略进行了重点阐释。

本书主要面对电力行业业内人士以及希望了解电力大数据相关情况的读者。

图书在版编目（CIP）数据

电力大数据安全/田建伟等编著. —北京：中国电力出版社，2022.10
ISBN 978-7-5198-6997-7

Ⅰ. ①电… Ⅱ. ①田… Ⅲ. ①数据处理－应用－电力工程－安全技术 Ⅳ. ①TM7-39

中国版本图书馆 CIP 数据核字（2022）第 144289 号

出版发行：中国电力出版社
地　　址：北京市东城区北京站西街 19 号（邮政编码 100005）
网　　址：http://www.cepp.sgcc.com.cn
责任编辑：周秋慧（010-63412627）
责任校对：黄　蓓　郝军燕
装帧设计：赵姗姗
责任印制：石　雷

印　　刷：廊坊市文峰档案印务有限公司
版　　次：2022 年 10 月第一版
印　　次：2022 年 10 月北京第一次印刷
开　　本：710 毫米×1000 毫米　16 开本
印　　张：13.5
字　　数：198 千字
印　　数：0001—1000 册
定　　价：68.00 元

前　言

随着我国经济发展水平的不断提高，电力行业得到了显著发展，现已成为我国经济发展的重要支柱之一。随着用电量的不断增加、电气自动化程度的不断提高，电力行业中电子设备的使用日渐广泛，大数据时代的到来，使得电力行业也步入大数据时代。

大数据系统为电力行业的运营带来了极大的优势和便利。大数据环境的有效贯彻在现有电力企业经济发展环境中具备先进意义：一方面能够确保电力企业在营销和电费统计过程中具备多方面数据统筹的优势和工作效率，从而提升现有经济市场环境中的竞争优势；另一方面可确保整体电力功能的发展，从而为多元化的电力供应环境和设备发展奠定坚实的信息数据基础。然而，随之而来的信息安全问题也不容忽视，本书基于电力大数据的安全问题展开探讨，以期为后续电力大数据信息安全体系的构建提供良好的参照。

本书首先介绍了大数据与电力大数据的基础知识及电力大数据平台的构建，其次从网络层面、主机层面、应用层面分别阐述了电力大数据的基础设施安全问题，最后围绕电力大数据安全，分别对电力大数据安全保障技术、电力大数据网络安全保密技术和电力大数据信息安全策略进行了重点阐释。

由于作者能力有限，加之时间仓促，书中的疏漏之处在所难免，恳请广大读者给予指正。

作　者
2022 年 8 月

目　录

前言

第一章　大数据与电力大数据 ……………………………………… 1

　　第一节　大数据概述 ………………………………………………… 1

　　第二节　电力大数据的定义与特征 ……………………………… 15

　　第三节　电力大数据的发展情况 ………………………………… 18

　　第四节　电力大数据面临的安全威胁 …………………………… 29

第二章　电力大数据平台构建 …………………………………… 40

　　第一节　电力大数据平台 ………………………………………… 40

　　第二节　电力大数据平台的设计与实现 ………………………… 47

第三章　电力大数据基础设施安全 ……………………………… 69

　　第一节　大数据与云计算技术 …………………………………… 69

　　第二节　网络层面的基础设施安全 ……………………………… 72

　　第三节　主机层面的基础设施安全 ……………………………… 79

　　第四节　应用层面的基础设施安全 ……………………………… 84

第四章　电力大数据安全保障技术 ……………………………… 94

　　第一节　数据采集整合安全 ……………………………………… 94

　　第二节　数据存储安全 …………………………………………… 102

　　第三节　数据挖掘安全 …………………………………………… 110

　　第四节　数据发布安全 …………………………………………… 127

第五节　数据脱敏技术 ·· 131

第六节　防范 APT 和电力线攻击 ······································ 144

第五章　电力大数据网络安全保密技术 ·························· 153

第一节　电力大数据的网络通信保密技术 ······················ 154

第二节　电力大数据的网络安全保密要求 ······················ 161

第三节　电力大数据的网络安全保密原理 ······················ 168

第四节　电力大数据的密钥管理技术 ······························ 172

第五节　电力系统的网络安全 ··· 179

第六章　电力大数据信息安全策略 ································ 183

第一节　大数据安全分析 ·· 183

第二节　加快电力大数据的信息安全体系建设 ··············· 189

第三节　电力大数据的存储安全 ······································ 195

第四节　电力大数据的安全管理 ······································ 199

参考文献 ·· 209

第一章　大数据与电力大数据

　　数据驱动是当今社会发展的潮流与趋势，大数据领域蕴含着丰富的战略意义。从资源层面进行分析，数据被当作"钻石矿"，甚至被当作战略性资产；从公共事业治理层面进行分析，大数据应用被当作提高治理水平、架构治理体系、解决治理问题的重要方式；从经济发展层面进行分析，大数据则是促进经济建设长久稳定发展的主要动力；从国家安全层面进行分析，大数据能力成为大国博弈的焦点与竞争的武器。总而言之，国家之间的竞争重点开始从资本、土地、人口、资源发展到大数据领域。

第一节　大数据概述

　　我国正处于数据飞速增长的时期，移动互联网与物联网科技的普及，促使全球数据量以指数级增长。根据国际数据公司（international data corporation，IDC）的监测数据，2019 年全球数据总量达 41ZB（1ZB＝1024EB），其中我国数据生产量占 23%，预估到 2025 年全球数据总量将达到 163ZB。"大数据时代"已然来临。

一、大数据的产生

　　20 世纪 60～80 年代初，企业是在大型机上使用财务、银行等重要信息，存储介质包括磁盘、磁带、光盘等，产生的数据量不是很多。随着个人计算机

（personal computer，PC）的产生和应用的持续增多，企业内部产生了大量以公文为主要形式的数据，包含 Word、Excel 文档，以及之后产生的图像、音频、视频等。这一阶段企业内部产生数据的不仅仅是财务人员，还包含很多的其他工作人员，这在一定程度上加快了数据量爆发式增长的步伐。互联网的产生与普及开启了数据量第三次爆发式增长的浪潮。在互联网社会中，全民都是数据生产者。这一阶段生产的数据不仅包括存在于社交网络、多媒体应用上由用户主动发布而产生的数据，也包括因浏览网页、网络购物等行为而被动产生的数据，而且数据类型也更加丰富。随着移动互联网、物联网、云计算等技术的发展，数据呈现出指数级增长，企业采集的数据超过 PB 级，而全球每年形成的数据量更是超过 ZB 级。在数据迅速增长的宏观环境中，"大数据"一词开始出现在科技领域、学术领域、产业领域。在大数据社会中，由于数据最典型的特征是"大"，因此数据研究不再进行随机采样，而是面向所有数据；由于全部信息都是"数"，因此不再需要关注某个数据的精确度，而是直接面对大量混合的信息；由于信息的"大""杂"特征，促使对"据"的研究从以往的因果关系转变为现在的相关关系。

大数据浪潮给我国带来抢抓"弯道超越"的历史新机遇，也为我国信息技术（information technology，IT）企业创造了从在"红海市场"挣扎突围，转向在"蓝海市场"锐意进取的发展机遇。传统 IT 产业对基础设施、技术提出较高要求，企业在初期发展成果较差的时候疲于追赶，当企业损耗大量资源收获一定的技术成果时，IT 技术早已把核心设施或元件推进到下一个时期。然而这种一步落后、处处受限的情况在大数据时代将得以改变，大数据对硬件基础设施提出的要求不高，因此不会因为基础设施限制导致重要技术的落后。和传统数据库领域的中外技术差异相比较，大数据研究领域的中外技术差异并不大。我国市场规模庞大，能为大数据产业的发展带来更大的空间和更好的前景。大数据对我国企业而言不仅仅意味着 IT 的更新，更意味着企业发展战略的改革。在大数据的获取、处理、管理等不同角度的研究中，企业开始意识到数据已经发展为重要的"资产"。数据是企业的重要资产，也是独立于各类系统和应用需求的存在。所有的硬件、软件和服务都会因科技的发展与需求的改变而被舍弃，而数据却体现出可长期使用的特性，因此值得人们记录与研究。大数据是信息时代的全新产物，因此大数据也体现出信息技术特征。数据不仅仅是软、硬件工具的附属产物，因此才出现了数据爆炸式的增长，最终促进了大数据的发展。为科学使用现有的数据资产，大数据行业随之出现。大数据社会的到来，为商业智能、信息安全与云计算的发展提供了强大的动力。根据产品类型，大数据产业链被划分为硬件、基础软件与应用软件三种。大数据处理的主要基础设施是数据仓库、以物联网为代表的信息采集模块、实时在线数据研究工具，以及数据可视化产品。数据发掘应用在营销、人力资源、电子商务等不同领域，大数据为差异化营销和精准化宣传带来丰富的资源及发展的动力。大数据对当代企业的管理运作观念、组织业务程序、市场营销战略和消费者行为模式带来了深远的影响，使得企业商务管理决策更加关注数据研究而不是依靠经验、直觉。大数据催生了基于信息驱动的经济发展模式，在企业价值链中表现出非常重要的作用：利用商业交易可创建具有一定价值的"排出数据"；利用数据驱动的决策修订和可控测试，企业可以验证假设、研究结果进而引导投资决策，做出正确的决定；通过大数据持续增强算法与机器研究的效果，可减少运营费用，进一步提升企业经济效益。

二、大数据的发展

（一）世界大数据的发展

近年来，世界各国对大数据的重视程度持续提升，数据开始转变为世界经济建设的主要根基及所有管理活动与决策的基础，各国都在试图扩张大数据应用范围，进而激发大数据的意义与价值。根据实践可知，大数据和传统行业的全面融合与创新应用，可以在一定程度上加快社会管理创新，引导不同行业的信息化、互联网化、智能化发展，促进制造行业、服务行业的转型升级，进而产生全新的经济增长点，提高核心竞争力，提升国家安全防护水平等。

大数据历经探索和市场启动期，现已在接受度、技术、应用、交易等不同领域进入高速发展时期。大数据技术开始转变为不同行业改革创新的主要动力，跨国 IT 企业开始争相进入大数据行业。谷歌（Google）、脸书（Facebook）等企业的大数据资源优势日益突出。2016 年 3 月，Google 阿尔法围棋（AlphaGo）在与世界围棋冠军、职业九段棋手李世石的围棋人机大战中 4:1 获胜；2017 年 5 月，AlphaGo 在与排名世界第一的围棋冠军柯洁的围棋人机大战中以 3:0 获胜。AlphaGo 是大数据与深度学习之间的全面结合，主要利用大数据的深度学习降低搜索量，最终在一定的搜索时间与空间内得到最高的胜利概率。2016 年 11 月，亚马孙（Amazon）在 AWS re：Invent 会议中推出了亚马孙人工智能产品线。2016 年 10 月，加利福尼亚大学伯克利分校宣布，曾推出众多 IT 创新技术（如 Apache Spark）的 AMPLab 由 RISELab 所取代，RISELab 专注于安全实时的决策堆栈（SRDS）、人工智能（AI）及自动驾驶汽车等的研究。另外，甲骨文（Oracle）、国际商业机器公司（IBM）、微软（Microsoft）、赛贝斯（Sybase）、易安信（EMC）、思爱普（SAP）、英特尔（Intel）、天睿（Teradata）、英伟达（NVIDIA）等公司也开始进军大数据产业，逐渐推出自己的大数据产品与计划，如 Oracle 的 Oracle NoSQL 数据库、IBM 的 InfoSphere 大数据分析平台、Microsoft Windows Azure 上的 HDInsight 大数据解决方案、EMC 的 Greenplum UAP 大数据引擎、SAP 的 HANA 内存计算平台、Teradata 的 Teradata 数据库等，以及 NVIDIA 的装备 8 个全新 Tesla P100 GPU 的 DGX-1 服务器（官方宣称其吞吐量相当于 250 台传统服务器）。

在学术领域，大数据科研人员持续增多，美国哥伦比亚大学与纽约大学、澳大利亚悉尼科技大学、日本名古屋大学等多所大学开始组建数据科研组织，美国加利福尼亚大学伯克利分校与伊利诺伊大学厄巴纳-香槟分校、英国邓迪大学等众多大学开始开设数据科学相关课程。2016 年初，美国麻省理工学院设计出"数据美国"在线大数据可视化软件，其重点是实时分析展示美国政府公开数据库（Open Data），用户只需输入任意美国地名，就可以检索到多维度全面反映当地人口统计数据的可视化图表，包括平均家庭收入、房价、房产税、房屋租售比、家庭平均汽车拥有量、平均上班通勤时间、医患数量比、医疗成本、疾病分布、药物滥用情况、犯罪与治安情况、种族比例、职业分布等。

（二）我国大数据的发展

我国已关注到大数据发展是促进社会发展的重要机遇,进而于 2014 年首次把大数据写入政府工作报告,并相继发布《中国制造 2025》、"互联网＋"行动计划、《促进大数据发展行动纲要》《大数据产业发展规划（2016～2020 年）》等文件和计划,把大数据建设纳入国家战略之中。2015 年 10 月,党的十八届五中全会将大数据战略上升为国家战略。2016 年 9 月,国家发展和改革委员会发布《关于促进全国发展改革系统大数据工作的指导意见》;同年 3 月,环境保护部（现生态环境部）发布《生态环境大数据建设总体方案》。至 2016 年底,总共有 20 多个省级行政区与 10 余个部委出台了本地区、本产业的大数据发展规划。2017 年初,国家信息中心、南海大数据应用研究院联合撰写发布了《2017 年中国大数据发展报告》,该报告以 30 多个种类、总共 40 多亿条数据为基础,对我国大数据产业发展的人才、政策、投融资、创新创业、产业发展、区域潜力、机构和人物影响力等多个维度进行了全面深入的分析研究。2017 年,我国政府工作报告指出要加快大数据、云计算、物联网应用,以新技术、新业态、新模式,推动传统产业生产、管理和营销模式变革。2018 年 3 月,交通运输部、国家旅游局（现文化和旅游部）共同出台《关于加快推进交通旅游服务大数据应用试点工作的通知》,加快推进交通旅游服务大数据应用试点工作。同年 4 月,国务院出台《科学数据管理办法》,规范了法人单位及科学数据生产者的数据采集、汇交与保存、共享与利用、保密与安全相关行为。2019 年 2 月,工业和信息化部、国家机关事务管理局、国家能源局共同出台《关于加强绿色数据中心建设的指导意见》,要建立健全绿色数据中心标准评价体系和能源资源监管体系。2020 年 2 月,中央网络安全和信息化委员会办公室发布《关于做好个人信息保护利用大数据支撑联防联控工作的通知》,鼓励有能力的企业在有关部门的指导下,积极利用大数据,分析预测新冠肺炎确诊者、疑似者、密切接触者等重点人群的流动情况,为联防联控工作提供大数据支持。同年 4 月,工业和信息化部发布《关于公布支撑疫情防控和复工复产复课大数据产品和解决方案的通知》,选出 94 个疫情防控和复工复产复课大数据产品和解决方案。

同年 5 月，工业和信息化部出台《关于工业大数据发展的指导意见》，提出加快数据汇聚，推动数据共享，深化数据应用，完善数据治理，强化数据安全等要求。此外，京津冀合作共建大数据走廊，通过技术发展优势吸引丰富的资本与人才资源；长三角地区组建大数据产业联盟，将智慧城市、云计算作为发展的着手点。大数据成为不同产业转型发展、实现"弯道超越"目标的重要机遇。在国家扶持政策的引导下，我国大数据发展已正式驶入快车道。

在国内企业界，百度、阿里巴巴、奇虎 360、京东等互联网企业依赖原本的数据优势，开始把大数据当作未来发展的核心战略。百度在大数据领域值得关注的业务有"百度迁徙""百度网盟推广"等，前者主要应用于民生与新闻等方面，而后者则通过以大数据为基础的点击通过率（click through rate，CTR）来提高企业主的营销收益；阿里巴巴制定了无线开放战略，开启"百川计划"，旨在进一步共享阿里巴巴无线资源，为移动开发人员从技术、数据、商业等方面提供基础设施服务；奇虎 360 开发出实效平台、聚效平台与来店通等产品，引导广告商科学使用大数据资源，开展高效的宣传营销；京东利用大数据技术研究客户需求，进行精准化、个性化服务。中国移动推出全新的移动互联网战略，包括架构智能管道、建设开放平台、创造特色业务及提供友好界面，大数据服务渠道依靠大数据带来专业的客户细分与推送服务，架构高效且精准的营销系统，促进 4G 营销战略的贯彻和实施；公共服务平台针对政府治理、公共服务、旅游、交通、金融、地产等不同行业提供专业的大数据服务，促进产业转型发展。国家电网公司于 2014 年正式开启大数据发展项目，集中资源进行大数据技术研究，并于 2016 年实现平台研究目标，在总部和 27 家省市电力公司建设大数据平台，完成 159 个应用项目。

我国学术领域已联合企业界致力于大数据存储、建模、挖掘和服务等课题的研究。国家重点基础研究发展计划（973 计划）将大数据作为信息领域的重点课题之一。另外，我国很多高校也组建了以大数据为核心的科研机构，包括由西安交通大学承建，清华大学、百度公司、国家电网公司、全球能源互联网研究院、河南中原大数据研究院等共建的大数据算法与分析技术国家工程实验室；由华北电力大学与国网信通产业集团共建的配网大数据实验室；由北京航空航天大学等高校及企业联合创建的大数据科学与工程国际研究中心；由工业和信息化部等国家部委支持共建的中国国际经贸大数据研究中心（国内首个以大数据研究并聚焦于大数据应用领域为核心，集政、产、学、研为一体的国家级智库型科研机构）；华东师范大学的云计算与大数据研究中心；依托复旦大学运行的上海市数据科学重点实验室；以及厦门大学的云计算与大数据研究中心、香港中文大学的大数据研究中心、清华大学的清华-青岛数据科学研究院等。一些项目研究也得到国家的重视和支持，比如由北京航空航天大学牵头的"网络信息空间大数据计算理论"、由中国科学院计算技术研究所牵头的"网络大数据计算的基础理论及其应用研究"、由清华大学牵头的"面向城市管理的三元空间大数据计算理论与方法"、由上海交通大学牵头的"城市大数据三元空间协同计算理论与方法"、由山东大学牵头的"城市大数据的计算理论和方法"等为国家973 计划项目。由上海交通大学牵头的"面向大数据的内存计算关键技术与系统"、由电子科技大学牵头的"初等数学问题求解关键技术及系统"、由科大讯飞股份有限公司牵头的"基于大数据的类人智能关键技术及系统"、由国网上海电力公司牵头的"智能配用电大数据应用关键技术"等为国家863 计划项目。其中，"大数据算法与分析技术国家工程实验室"于2017 年初由国家发展和改革委员会批准建设，其目标是以电力大数据为核心，开展大数据计算基础算法、大数据分析与处理核心算法、大数据算法测评与工程化等技术研发，为国家大数据战略的实施提供技术支撑，以丰硕的理论、技术与产品服务于各行各业大数据应用，为国家大数据战略实施与创新发展做出重要贡献。

近年来，大数据获取、存储、管理、处理、分析等相关的技术已有显著进展，但是大数据技术体系尚不完善，大数据基础理论的研究仍处于萌芽期。首先，大数据定义虽已达成初步共识，但许多本质问题仍存在争议，例如，数据驱动与规则驱动的对立统一、关联与因果的辩证关系、全数据的时空相对性、分析模型的可解释性与鲁棒性等；其次，针对特定数据集和特定问题域已有不少专用解决方案，是否有可能形成通用或领域通用的统一技术体系，仍有待未来的技术发展给出答案；最后，应用超前于理论和技术发展，数据分析的结论往往缺乏坚实的理论基础，对这些结论的使用仍需保持谨慎态度。

推演信息技术的未来发展趋势，较长时期内仍将保持渐进式发展态势，随技术发展带来的数据处理能力的提升将远远落后于按指数级飞速增长的数据体量，数据处理能力与数据资源规模之间的"剪刀差"将随时间持续扩大，大数据现象将长期存在。在此背景下，大数据现象倒逼技术变革，将使得信息技术体系进行一次重构，这也带来了颠覆式发展的机遇。例如，计算机体系结构以数据为中心的宏观走向存算一体的微观，软件定义方法论的广泛采用，云边端融合的新型计算模式等；网络通信向宽带、移动、泛在发展，海量数据的快速传输和汇聚带来的网络的 Pb/s 级带宽需求，千亿级设备联网带来的 Gb/s 级高密度泛在移动接入需求；大数据的时空复杂度亟须在表示、组织、处理和分析等方面的基础性及原理性突破，高性能、高时效、高吞吐等极端化需求呼唤基础器件的创新和变革；软硬件开源开放趋势导致产业发展生态的重构等。

三、大数据带来的机遇与挑战

（一）大数据带来的机遇

在大数据社会，商业环境在悄然之间出现较大的改变。随处可见的智能终端、随时在线的互联网传输、互动量激增的社交网络，让原本仅仅是网页浏览内容的网民形象日益清晰，企业可以开展规模化、精准化的消费者行为研究。大数据开始催生全新的蓝海市场，产生全新的经济增长点。总而言之，大数据为电力行业的转型发展带来下述影响。

（1）大数据的发掘与应用为电力企业寻找全新战略机遇带来了机会。大数据的重心从储存和传输转移到信息的发掘和应用，在一定程度上影响了电力企业的商业发展模式，不只可以提高电力企业的经济效益，也可以利用正反馈增强电力企业的核心竞争力。首先，大数据技术有助于企业整合、发掘和研究其所了解的数据内容，架构成熟的数据系统，健全企业内部结构与管理制度；其次，在消费者需求日益多元化的同时，大数据在不同方面的应用价值更加彰显，逐渐影响着电力企业的发展前景和商业模式。

（2）大数据的处理与研究转变为全新信息技术应用的基础。移动互联网、物联网、社交网络、数字家庭、电子商务属于全新信息技术的应用形态。以上技术主要将大数据作为节点，采集各方面信息，且利用对不同来源数据的统一性、综合性进行操作、研究和优化，把结果传达或交叉传达到不同应用中，为用户带来良好的使用体验，带来更高的商业、经济与社会价值。所以，大数据体现出催生社会改革的力量，释放以上能量的基础是科学的数据治理、极具洞察力的数据研究与引导管理创新的宏观环境。

（3）大数据的商业价值和市场需求成为推动电力信息产业持续增长的新引擎。在电力领域，用户对大数据价值的了解度持续提高，市场需求逐步增加，大数据行业相关技术、产品、服务和业态随之更新。大数据可以为电力信息产业带来全新的高增长市场：在硬件和集成设施方面，大数据需要妥善处理有效储存、高速读写、实时研究等挑战，给芯片、存储行业带来深远的影响，产生一体化数据存储处理服务器、内存计算等细化市场；在软件和服务方面，由于大数据中蕴含较大的价值，因此对数据高速处理与研究产生了一定的需求，也引导了数据发掘、商业智能行业的可持续发展。

（4）日益重要的大数据安全为电力信息安全带来发展机遇。大数据引发电力产业改革的同时，导致信息安全日益复杂，安全事件频繁出现，这就需要应对更多的风险和挑战。大数据的行为研究与动态感知为数据安全带来全新的可能性，有助于信息安全保障。信息安全细分内容较多，大数据和信息安全的全面融合涉及电力产业的各个方面，整个行业的未来发展空间较大。

（二）大数据带来的挑战

电力大数据体现出独特之处，表现出体量大、类型复杂、价值高和效率高等突出特点，这也说明电网运行模式、电力生产模式和客户消费行为等内容，具有不可忽视的商业与社会价值。在电力领域，大数据开始上升到战略层面，然而当前依然存在数据质量较低、非结构化数据处理水平不高、数据深层发掘研究水平亟须提升等问题。大数据社会为电力行业提供更多的发展机会，也催生了全新的挑战。

1. 数据质量和数据管控能力的挑战

大数据社会中，数据质量水平、数据控制水平的高低显著影响着数据研究的精准性与实时性。当前，电力市场数据在可采集的颗粒程度，数据采集的时效性、完整性和一致性等方面存在一定的问题，数据源的唯一性、时效性与精准性需要增强，整个行业内企业没有制定科学的数据管控方案、计划与流程。

另外，如美国白宫 2014 年 5 月对外披露的《大数据：抓住机遇　保存价值》报告中提出，在彰显积极影响的时候，需要关注大数据应用对隐私、公平等未来价值造成的消极影响。电力大数据因为牵扯到大量客户的个人信息，区域涉及范围广泛，安全问题必须得到关注。所以，大数据必须根据分级管理要求，同步筹划、开发、投入运营，且参考数据的必要性和共享性，明确怎样是可以开放的，怎样是必须隔离使用的。当前，电力企业需要把外网中有关客户服务、企业内部管理详情和生产的内容隔离起来，确保在云基础上的数据系统稳定与安全。

2. 多维数据融合的挑战

多维数据融合是电力大数据发展的重点。长久以来，以专业信息系统为基础的信息化发展，造成电力领域不同细分专业的数据独立存在，出现信息孤岛现象。为打破信息孤岛的壁垒限制，必须全面结合发电、输电、变电、配电、用电、调度等多维信息，发掘电力大数据的价值，为相关企业、用户以及经济社会建设提供帮助。

3. 数据可视化信息传递的挑战

电力大数据可视化是数据价值传达的主要手段，电力大数据有着电力行业生产运维与服务经济的基本规律与特点，通常相对抽象，无法被轻易察觉。大数据可视化研究可以帮助我们轻松地了解到大数据规律，呈现出大量数据之中具有的特点与规律，方便数据价值的传达和知识共享。

4. 大数据存储与处理的挑战

电力大数据对数据存储和计算能力要求较高。针对不同数据源、不同类型的数据开展深入的研究，必须存储大量数据，且提高计算能力。分布式数据存储与计算则是处理电力产业数据问题的主要方式。

5. 专业人才的挑战

大数据是新兴产业，电力大数据的建设需要综合素养较高的技术人员，比如数据研究员与科学家、大数据处理系统管理员、平台开发人员等，而目前整个行业内缺少类似的专业人员，在一定程度上阻碍了电力大数据的建设与发展。

四、大数据安全的政策解读

大数据资源体现出规模庞大、信息变化迅速等特点，造成大数据研究和应用场景相对复杂。大数据行业需遵从现有的法律条文和道德标准，此外政府也需出台与大数据行业发展适配的新的法律与政策，确保数据安全和保密，保证大数据系统的成熟稳定运行，以彰显出大数据应用的价值与意义。

网络空间安全问题已成为各界关注的重点。在 2017 年《中华人民共和国网络安全法》制定之后，信息安全的法律进程日益加快，我国在促进大数据产业发展的时候，格外重视安全问题，在短期内制定实施了大量和大数据产业建设与安全运行有关的法律条文与方针政策。

1. 《全国人民代表大会常务委员会关于加强网络信息保护的决定》

2012 年底，基于数据应用时期的个人信息安全问题，第十一届全国人民代表大会常务委员会制定了《全国人民代表大会常务委员会关于加强网络信息保护的决定》，其中强调：国家保护可以辨识公民身份以及与公民隐私相关的电子信息。网络服务供应者与有关企业事业组织需要采用技术方式以及相关的必要方式来保证信息安全，网络服务供应者以及有关企业事业组织需要使用技术方式与相关必要方式来保证信息安全，避免其在业务活动中采集的公民个人电子信息出现外泄、遗失与受损问题。在出现或也许会出现信息遗失、受损等问题的时候，需要马上处理。

2. 《电信和互联网用户个人信息保护规定》

2013 年 7 月，《电信和互联网用户个人信息保护规定》（工业和信息化部令第 24 号发布），并在同年 9 月正式实施。

《电信和互联网用户个人信息保护规定》的制定，是全面实施《全国人民代表大会常务委员会关于加强网络信息保护的决定》的现实要求，有助于持续健全电信与互联网产业个人信息安全保护系统。当前，存在某些电信业务经营人员和互联网信息服务提供者对用户信息安全并不关注、安全防护方式单一、管理机制不成熟、信息安全责任没有分配到个人等问题，因此要持续健全用户个人信息保护法律条文，约束电信服务、互联网信息服务时期采集、应用用户私人信息的行为。

《电信和互联网用户个人信息保护规定》明确了电信业务经营者、互联网信息服务供应者采集、使用客户私人信息的规则以及安全保障方式等，是贯彻和实施《全国人民代表大会常务委员会关于加强网络信息保护的决定》的主要方式，全面维护了用户正当权益。

3.《促进大数据发展行动纲要》

2015 年 8 月底，国务院制定发布《促进大数据发展行动纲要》，主要内容分为发展形势和重要意义、指导思想和总体目标、主要任务、政策机制四个部分。

主要任务：加快政府数据开放共享，推动资源整合，提升治理能力；推动产业创新发展，培育新兴业态，助力经济转型；强化安全保障，提高管理水平，促进健康发展。

政策机制：完善组织实施机制；加快法规制度建设；健全市场发展机制；建立标准规范体系；加大财政金融支持；加强专业人才培养；促进国际交流合作。

4.《中华人民共和国网络安全法》

《中华人民共和国网络安全法》由中华人民共和国第十二届全国人民代表大会常务委员会第二十四次会议于 2016 年 11 月 7 日通过，自 2017 年 6 月 1 日起施行。

《中华人民共和国网络安全法》规定，网络数据是指网络采集、储存、传输、处理与形成的各类电子数据。激励开发网络数据安全保护与应用科技，加快公共数据资源全面共享，促进科技创新与经济建设。其中有关网络数据安全保障的内容：规定网络运营者要使用数据分类、关键信息备份以及加密等方式，避免互联网信息被窃取或私自修改；强化对公民个人信息的保护，避免公民私人信息被违法获取、外泄或非法应用；强调重要信息基础设施的运营者在国内存储公民个人信息等关键信息，网络数据必须进行跨境传送的时候，要进行安全评估与审核。

5.《国家网络空间安全战略》

2016 年底，国家互联网信息办公室发布《国家网络空间安全战略》，其中强调要贯彻和实施国家大数据计划，创建相关安全管理体系，扶持大数据、云计算等全新信息科技的创新与改革，为确保国家网络安全奠定坚实的产业基础。

6. GB/T 35274—2017《信息安全技术　大数据服务安全能力要求》

GB/T 35274—2017 在 2017 年底正式发布，2018 年 7 月起正式执行，规定了大数据服务提供者应具有的组织相关基础安全能力和数据生命周期相关的数据服务安全能力。

此标准适用于对政府部门和企事业单位建设大数据服务安全能力，也适用于第三方机构对大数据服务提供者的大数据服务安全能力进行审查和评估。

7. GB/T 37973—2019《信息安全技术　大数据安全管理指南》

2017 年 5 月 24 日，国家信息安全标准化技术委员会秘书处对外发布 GB/T 37973—2019 意见稿，寻求外界意见。包括大数据安全管理必须遵守的原则，主要内容，确立安全目标、规划以及方案，确定大数据安全管理承担的主要责任，相关安全风险，监管平台日常运营安全。

8. GB/T 39335—2020《信息安全技术　个人信息安全影响评估指南》

2018 年 6 月 13 日，国家信息安全标准化技术委员会对外发布 GB/T 39335—2020。其中详细阐述了个人信息安全影响评估的主要定义内容、结构、方式与流程，且阐述了一定条件下开展评估的详细方式。主要应用在不同类型的组织自主进行个人信息安全影响评估活动。此外也可以为国家主管组织、第三方测评组织等进行个人信息安全监督、审核、评估等活动带来一定的参考。

9. GB/T 37964—2019《信息安全技术 个人信息去标识化指南》

2017 年 9 月，GB/T 37964—2019 征求意见稿在国家信息安全标准化技术委员会官方网站上发布。2020 年 3 月，GB/T 37964—2019 正式实施。该标准主要结合了目前我国个人信息处理组织、安全评估组织和研究组织的全新成果，学习了西方个人信息去标识化的全新理论知识，提炼行业内存在的典型案例，规定了探究个人信息去标识化的主要目标、原则、技术、模型、环节与组织计划，强调科学高效的抵御安全风险、达到信息化发展要求的个人信息去标识化方案，重点是在确保个人信息安全的基础上，促进数据的全面共享，充分彰显出大数据具有的意义与价值。

10. GB/T 37988—2019《信息安全技术 数据安全能力成熟度模型》

"大数据安全能力成熟度模型"在 2016 年开始成为国家研究课题，2018 年，GB/T 37988—2019 送审稿修订活动也随之开始。2020 年 3 月，GB/T 37988—2019 实施。

GB/T 37988—2019 的主要目标是协助各产业、组织部门根据相同标准评估数据安全水平，寻找数据安全存在的问题，弥补不足，加强大数据各方的数据安全能力，加快大数据在不同组织之间的交换、共享和传播，充分彰显出数据的作用和价值，加快国内大数据产业的可持续发展。此外，还能促进《中华人民共和国网络安全法》《促进大数据发展行动纲要》与"十三五"规划纲要等方针政策与法律条文的落地。

11. GB/T 37932—2019《信息安全技术 大数据交易服务安全要求》

为实施国家大数据战略要求，需要制定数据资源确权、开放、流通、交易相关制度，完善数据产权保护系统。加快促进数据交易等制度设计的进度，特别是在安全方面。我国标准化管理委员会在 2018 年 1 月正式设计标准计划 GB/T 37932—2019。2020 年 3 月，GB/T 37932—2019 正式实施。

该标准为国内第一个大数据交易安全标准，可以明确数据交易安全边界，确保交易活动符合法律条文，加快国内数据交易机构的安全发展，促使国内数据要素正常流通，全面彰显数据作用，促进"数字中国"发展。

12. 国内数据出境安全管理系列标准

2017 年，国家开始制定《信息安全技术　数据出境安全评估指南》《信息安全技术　网络产品和服务安全通用要求》等多项标准，并进入到询意见阶段。

其中对数据出境安全评价环节、主要内容、采取方式等提出详细要求，主要应用在网络运营者进行的个人信息与核心数据出境安全自评估，和我国网络信息组织、行业主管组织负责的个人信息与核心数据出境安全判断。避免了个人信息没有得到用户认可就传输到境外，伤害信息主体的正当权益，避免了国家核心数据在没有得到安全评估与有关负责机构审核就传输到境外，导致国家安全承受风险，该系列标准是国内数据出境安全管理办法中的关键内容。

13. 网络安全等级保护要求系列标准

2019 年 5 月，国家市场监督管理总局、国家标准化管理委员会正式举办新闻发布会，GB/T 22239—2019《信息安全技术　网络安全等级保护基本要求》、GB/T 28448—2019《信息安全技术　网络安全等级保护测评要求》、GB/T 25070—2019《信息安全技术　网络安全等级保护安全设计技术要求》等标准正式发布，于 2019 年 12 月在全国执行。以上网络安全等级保护有关标准主要参考之前的要求，做出相应地优化与改善，因此行业内人士将其称为等级保护 2.0。

等级保护 2.0 的制定与应用局势急迫，主要参考当前实施的《中华人民共和国网络安全法》和目前网络安全的宏观环境、工作任务以及全新技术现状，再次研究等级保护制度，将云计算、大数据、物联网等全新业态纳入其中，持续扩大了监管对象，将其延伸到整个社会，另外也添加到《中华人民共和国网络安全法》要求内容之中。等级保护 2.0 的全面推进，可以在一定程度上提高我国网络安全保障水平，促进产业发展。

第二节　电力大数据的定义与特征

电力大数据是大数据观念与方法在电力领域的普遍应用。随着坚强智能电网、能源互联网的建设，与之相关的发电、输电、变电、配电、用电与调度等不同生产环节的电力数据规模表现出迅速增长的态势，且初步呈现出数据种类多、价值高、精确度高、处置时效性要求高的特点。在当前的宏观环境中，使用大数据技术针对电力数据开展跨企业、跨专业、跨业务的研究发掘与信息提取，转变为类型丰富的知识且科学的呈现出来，有助于优化与改善大数据时代能源发展环境。

2013 年初，中国电机工程学会根据当前电力行业与企业信息，制定《中国电力大数据发展白皮书》，着重提出了促进我国电力大数据产业的建设，重点是科学理解什么是电力大数据。当前大数据概念在行业内并未达成共识，采用麦肯锡全球研究院（McKinsey Global Institute，MGI）在《大数据：下一个创新、竞争和生产力的前沿》中的解读，是指不能在特定时期内使用传统数据库软件方式对内容实施采集、管理与处置的数据集合。

一、电力大数据的定义

电力大数据一般源自电力生产与电能应用的发电、输电、变电、配电、用电与调度等多个流程，主要被划分为电力日常运行资料、电力企业发展数据、电力企业日常管理资料三类。对电网企业而言，主要是利用采集的电力系统内部运行资料，汇集成电力大数据内容，最终完成对电网的高效监控。另外，根据大数据研究和电力系统模型搭建，针对电网运行开展判断、改善与预估，能够为电网安全、稳定、经济、高效发展奠定坚实的基础。

和大数据的技术概念进行对比，电力大数据的覆盖范围更加广泛，因此并不是大规模的数据采集才是电力大数据。作为关键的基础设施数据，电力大数据的改变在一定角度上表现出社会经济的未来发展趋势。假如只分析电力数据，此时电力大数据的意义就不能被充分表现出来。以往的商业智能研究更加重视某个方面的主题数据，因此导致不同类型的数据发生断层。大数据研究既是整体视角的转变，也是综合关联性研究，了解可知其具备潜在联系。关注相关性与关联性，其不止是因为电力行业内部存在的因果关系，也是因为电力大数据应用和传统数据仓库、商业智能技术存在重要差异。

电力大数据并不是单纯的技术内容，而是能源改革时期电力工业科技改革的主要环节。它不仅代表技术发展，也代表电力系统在大数据环境下的发展观念、管理制度与技术路线等不同领域的改革，是未来智能化电力系统在大数据环境中价值形态的转变。塑造电力价值与改变现有发展模式是电力大数据的关注重点。

（1）塑造电力核心价值。我国电力产业始终坚持"以计划为动力、以电力生产为核心"的价值理念，关注企业与客户价值，但是并未重视到社会效益，缺少积极的互动，造成电力供需之间只能进行单向传播，导致社会资源对电力工业的反馈效果无法呈现出来，这也是电力企业在当前社会经济环境中提高竞争力遇到的主要阻碍。

大数据主要价值是个性化商业，也是对个人的关注。电力大数据发掘市场需求以及企业有序发展需求，塑造我国电力产业的重要价值，引导电力企业从"以人为本"的角度再次研究自身具备的价值，从"以电力生产为核心"发展为"以客户为核心"，且把最终目标确定为"服务全社会"。

（2）改变电力发展模式。人类社会在工业革命之后得到良好的发展成果，能源与资源的损耗和世界气候变化开始深刻地影响大众日常生活，甚至成为左右全人类发展的主要问题。传统投资、经验引导的快速粗放型发展方式，开始遇到更多的挑战，其中存在的问题被发现，必须进行改革创新。

电力大数据利用对电力系统生产运行模式的改善、对间歇式可再生能源的消纳和对世界节能减排观念的宣传，在一定程度上促进我国电力产业从高损耗、高污染、低效率的粗放发展模式发展为低损耗、低污染、高效率的绿色发展模式。此外，利用电力大数据和社会经济、居民日常生活、社会保障、基础设施建设等宏观数据的采集，可以为社会不同组织与人员提供专业化服务，促进我国民众创业与创新，加快社会经济建设。

二、电力大数据的特征

1. 规模（Volume）

在电力企业信息化水平显著提高、智能电力系统逐渐完善的过程中，电力数据规模急剧增长。以发电侧为例，电力生产自动化管理水平的提升，对比如压力、流量与温度等数据的监测精准性、频次提出更为严格的标准，针对大量数据采集与处理提出了较高的要求。针对用电侧进行分析，一次采集频度的提高促使数据体量出现指数级改变。持续增多的音、视频等非结构化数据在电力行业所占比值持续提高。另外，在应用中也对不同行业能源数据、天气数据等不同类型的数据存在关联研究需求，以上问题都造成电力数据类型明显增多，从而导致电力大数据更加复杂。

2. 多样（Variety）

电力大数据有关数据种类较多，主要是结构化、半结构化与非结构化三类数据。在电力市场视频应用产生与普及的时候，音、视频等非结构化数据所占比值持续提高。

3. 快速（Velocity）

一般表示对电力数据采集、处理和研究的效率。根据电力系统内业务对处理周期的高要求，实时处理是电力大数据的突出特点，也是电力大数据和传统事后处理型的商业智能、数据挖掘之间存在的主要差异。

4. 价值（Value）

随着电力大数据规模的持续增长，以此为基础的数据研究挖掘技术开始得到发展，电力大数据具有的商业价值被业内人士发现。在整个行业中，借助跨专业、跨企业、跨组织的电力数据结合应用，以提高产业、企业管理能力与经济水平。

5. 真实（Veracity）

首先，针对虚拟网络条件下海量数据要使用正确的方式审核其真实性、公正性，这也是大数据技术和电力行业未来建设的现实需求。其次，利用大数据研究，全面还原与预估事物的原本面目成为电力大数据此后发展的潮流。

第三节　电力大数据的发展情况

随着电力行业信息化水平显著提高，整个行业积累了丰富的数据内容，同时也产生了个性化数据价值需求。源自电网的调度运作、新能源和负荷的时空变异、电力资产寿命和运行情况、自主配电和需求响应等领域都存在着以数据为基础进行决策和分配的需求，整个行业也开始进行深入的研究与探索。

一、能源互联网对电力行业的影响

能源互联网是以互联网观念为基础架构的全新信息—能源结合的广域网，主要将电网作为主干网，将微网、分布式能源、智能社区作为局域网，通过对外披露的信息—能源一体化结构确保能源双向按需传送与动态均衡应用，所以能在一定程度上适应新能源的对接。其核心依然是能量开放、联系、对等与共享，主要将电力网络当作渠道，通过可再生能源与分布式能源对接，将网络技术当作重要工具，利用能源调节体系针对可再生与分布式能源基础设施开展科学的改善与协调，完成冷、热、气、水、电等不同能源模式彼此弥补的目标，提升能源应用效率，完成信息、能量与能源三方的顺利流动与分享。在架构方面运用从下到上分散自治合作管理的方式，和当前集中大电网模式互相合作，符合电网发展集中和分散相融合的潮流。

能源互联网的出现主要是全面满足不同国家能源结构调节和建设节能、低碳、环保电力现实需求，重点内容是重视可再生能源，特别是分布式可再生能源的科学使用与分享，此外通过"互联网＋"引导全新电力服务方式的出现，确保用户与电力企业的积极互动，提升需求侧管理的精准化与科学化程度。能源互联网完成了不同能源和谐控制与整体能效管理，加快电能与绿色替代两部分能源发展改革目标的完成，进一步改变目前电力工业系统的发展格局。

能源互联网采用领先的传感器、控制设施与软件应用程序，把电力生产端、传输端、消费端的大量设施、机器和系统对接起来，产生"物联基础"，大数据研究、机器学习与预估是此类互联网络彰显生命体特征的关键技术基础。能源互联网利用集合运作信息、气象信息、电网信息、电力市场信息等，通过大数据研究技术开展负荷预估、发电预估，打通且改善电力生产与消费端的运行效率，供需两者可以开展高效的动态调节。智能发电、用电、储电设施，全部对接到互联网，通过信息流，产生自行优化的有效循环。

二、电力大数据的发展因素分析

1. 电力物联网的数据量将大幅增加

电力市场始终关注数据与信息科技，在 20 世纪 80 年代之后，使用实时数据库处理发电和电网收集的各类信息。然而在电网规模持续扩张，采集量增多的时候，以往的实时数据库与 IT 架构不能全面满足大量数据处理需求。近期，整个行业逐渐使用互联网产业的大数据平台技术，重点是把 Kafka、Hadoop、HBase、Spark、Redis 等技术集成起来共同处理信息。例如智能电能表的用电信息采集体系、电费运算等，全部使用以上方案。

促进电力物联网发展，重点是针对电网运行情况、客户用电等开展高效的监督、预估和研究，数据采集点与频次逐渐增多，数据量也会在最初的基础上不断上涨。

以智能电能表为例，当前客户的智能电能表是每日发送记录。假如更改为和商业智能电能表相同，周期会缩短为 15min，数据量最少增长到 96 倍，数据插入申请的数量也会同比增长。以全网智能电能表 5 亿台为基础进行计算，每日形成的数据条规模超过 480 亿条，当前大数据处理方案与架构也遇到较大的挑战，即便利用水平扩展新增服务器的方式进行解决，其运营费用也会出现明显的增加。

从配电网状况上分析，即便采集点与频率没有明显的增加，然而以 D5000、CC2000 为典型的主要产品，受到历史数据处理水平的限制，依旧只能开展实时采集数据、历史断面数据架构应用工作，拓扑研究技术不能在时间维度上进行纵向延伸。

电网数据采集和监控系统（SCADA）属于电力物联网的主要构成部分，不仅要关注实时信息，还要重视历史信息，不仅要开展科学的监控，还要重视故障预估、趋势研究、运营指标研究、效率研究等内容。利用高速存取、研究高频采集信息，可以为电网安全稳定运行奠定坚实的基础、提供重要的参考。

像当前普遍使用的物联网那样，电力物联网不仅有云端的数据中心，也会出现边缘节点。以上节点体现出相应的计算与储存实力，可以开展数据提前处理与缓存工作，进一步降低数据中心的负担。也可以全面确保边缘节点涉及的地区能够迅速地响应，进而促进地区业务的正常稳定发展，做出正确的决策。但是边缘计算和云计算必须密切合作才可以全面满足不同类型的场景匹配需求，最终提高边缘计算与云计算的实际价值。

采集点增多、频次提升，最终会产生怎样的收益呢？以智能电能表为例，如果把全部电能表的数据采集频次增加到15min/次，电网可以对所有台区线损进行高效检测，舍弃当前的 T-1 模式，最终可以有效处理不正常的线损。此外，对输电线路故障开展科学的监测，不需要直接告知客户，在一定程度上提高了运维水平与服务能力。

以 Hadoop 系统为典型的互联网大数据解决方案，面向的主体是互联网方面的非结构化数据，如爬虫数据、微博和微信内容等。但是，电力物联网和互联网两者数据存在明显的差异，主要体现在几个方面：①数据体现出时序性，因传感器与设施形成，产生完整的数据流；②去除视频、图像等非结构化数据之外，剩余是结构化数据；③有的数据是机器日志种类，不会出现删除或者更新的操作；④数据存在一定的保留时间，按时删除；⑤数据流量保持稳定且可以被预估，了解测点数、采集频率，可以相对精准的预估流量；⑥数据要开展实时计算、研究；⑦数据研究、计算通常以某个时间段与地区作为基础开展；⑧涉及数据量庞大，每天可能会产生几百亿条数据。

除了数据特征不同，在数据处理方面，电力物联网和当前的互联网进行比较，也存在不同的需求，如插值计算、数学函数计算和某实际时间点的断面数据等。以上数据的处理通常和采集设施的管理密切相关，因此要根据采集设施的归属、地区和其他特征开展分类研究。

2. 电力大数据是重要资产

电力大数据属于大数据在电力领域的重要组成部分。与之相关的开发与使用不只代表技术发展，还是电力系统在大数据社会的发展观念、管理制度与技术路线等方面的改革。

电力大数据主要用来预估工业、企业日常生产情况，为政府和研究组织在市场格局、准确治理方面带来丰富的判断依据。在电力体制改革加深和售电、用电侧行业对外开放的宏观环境中，电力大数据主要为客户提供独特的家庭能效业务，有助于减少碳排放量，加快清洁能源的普及应用。

电力相关数据规模庞大、类型较多、价值高，有助于提高电力企业盈利水平和控制能力，具有不可忽视的价值。根据相关学者研究指出，在数据使用率提升 10%的时候，电网提升 20%～49%的收益。通过数据科学和人工智能科技，根据市场宏观与微观数据的全面发掘，促进电力大数据应用，则是激发电力大数据隐藏价值的重点。

三、电力大数据的发展现状

电力大数据被普遍重视，部分西方国家同样关注大数据的科研活动。在2008 年之后，美国电力研究组织（EPRI）、美国能源信息署（EIA）等科研部门，法国、德国、日本电力等知名企业，陆续针对输电、配电、用电和以电力数据为基础的政府决策课题开展深入的研究，且得到良好的示范效果；国际电工委员会（IEC）探究且披露了大量信息模型要求与接口要求，为整个系统的数据传播共享与交换提供较大的帮助。例如，法国电力企业主要对 3500 万个智能化电能表用电负荷信息进行整理，通过数据发掘与研究，完成对负荷曲线数据的高效处理，准确预估了短时间用户的用电规律；美国 AutoGrid 公司利用整合以及使用智能电能表供应的电力大数据，开展用电预估和研究，进而改善需求侧管理。美国 Con Edison 企业和麻省理工学院、哥伦比亚大学合作设计出以机器学习为基础的配电网故障风险评价系统，整个系统主要面向馈线与设施（电缆、配电变压器等）开展故障风险级别评价，进而安排停电维修工作，提升维护效率，增强配电网稳定性。美国 Opower 公司当前主要为近 100 家公用事业企业管理 1000 多万个家庭与商家的账单，根据用户的用电消费信息，研究用户的用电规律，最终为用户提供合理的意见；美国能源物联网公司主要利用集成电力大数据产生研究引擎，开展电网实时监管与数据研究，此外也可以高效响应终端用户的个性化需求；丹麦维斯塔斯公司主要采用风机运作数据与气象环境数据，以 Biglnsights 大数据平台为基础研究大量数据，改善风力涡轮机配置计划，最终得到更高的能量输出；美国通用电气公司以自身研究的工业互联网研究平台 Predix 为基础，把不同类型的工业资产设施与供应商对接起来，且传送到云端，实时监测与研究源自 1000 万个传感器的海量数据，利用工业数据研究带来资产性能管理（APM）与运营业务。

国内电力行业积极进行大数据分析与应用研究，根据《国家中长期科学和技术发展规划纲要（2006～2020 年）》《能源发展战略行动计划（2014～2020 年）》《中国制造 2025》《国务院关于积极推进"互联网＋"行动的指导意见》等，我国科技部和相关机构合作筹备国家重点研发计划"智能电网技术和装备"项目。我国部分专业组织与学校筹备了电力大数据理论与科技科研工作，电网企业、发电企业在整个系统内不同专业方面进行大数据应用活动，电网企业也积极开展不同类型的智能电网大数据研究项目。

到目前为止，我国科研组织在电力大数据领域专注于研究用户用电规律、线损多维度、计量设备在线预估和智能判断、负荷特性和有序用电、经济趋势等。在用户用电行为研究方面，根据用户的用电量、特征、业务办理、缴费数据、投诉记录等相关内容，分析用户的负荷特性和用电规律，基于目标用户采用对应的服务方式提供专业服务；在线损多维度研究方面，利用分配线路和台区损耗模型，自行统计每日损耗，完成 10kV 输配电线路与台区线损的实时监管，进而寻找到不正常的线损，了解实地供电状况，完成线损可视化图形呈现研究；在计量设备在线监督和智能诊断方面，利用用电信息采集、营销等不同方面的数据传播与共享，通过大数据研究技术开展计量和采集设备故障判断、设施综合工况研究，完成计量设备异常研究、采集设施故障研究、不同类型的事件研究与用电异常研究等工作，为考核采集设施与计量设施制造商带来准确的评估结论；在负荷特性和有序用电研究方面，研究用户负荷曲线特点内的峰谷具体方位、维持时间、尖峰负荷发生时点、波峰产生频次等特点，且研究专用变压器与专线的移峰填谷潜能；在经济趋势研究方面，根据各个地区、产业的历史电量变化趋势，根据电量和负荷预估，研究不同行业的用电量在不同地区的发展情况、所占比值和变化状况，掌握行业结构、产业链条、改革升级、地区迁移和地区特色产业的建设情况，根据行业度电产值研究电力弹性系数以及密集度、国内生产总值，结合用电趋势、工厂公司产能使用率、业扩报装状况研究电力生产力，根据采购经理指数（Purchasing Managers Index，PMI）对外披露不同行业的景气数据。

国家电网公司坚强智能电网项目，已拥有的体量庞大、类型多样、价值高、速度高等具备大数据特点的发展资料，具有普及应用大数据的重要基础。国家电网公司也是我国早期发展大数据技术，进行高级别大数据平台建设的电力公司。国家电网公司主动践行"互联网＋"行动方案以及大数据战略，2015 年，发布信息通信新技术推动智能电网和"一强三优"现代公司创新发展行动计划，根据"四项目标、六大领域、四条主线、六年计划"的发展计划，进一步促进大数据、云计算、物联网与移动互联科技在智能电网与电力公司日常运营管理时的应用与全方面融合。

国家电网公司专注于大数据技术和实用化情景的探究，在营销、客服中心、运营监管等方面主动研究，贯彻和实施大数据技术。2015 年初，国家电网公司顺利开启企业级大数据渠道的建设，相关试点活动随之开始。到 2017 年 3 月，在总部与 27 家省级电力企业建设大数据平台，且顺利完成在电力供应、公司内部管理、专业客户服务、电力增值业务等方面的 159 个应用项目。2016 年 6 月，国家电网公司开启了企业内部全业务统一数据中心的创建活动。国网浙江省电力公司成为建设的重点与主要单位，担负了整个数据中心数据研究域与数据管理域有关专项试点建设活动，开始在现有信息化基础上进行试点，取得良好的成果。随后集中资源建设统一数据中心，国网辽宁省电力公司、国网福建省电力公司开始筹备数据中心的创建任务。经过长久奋斗，大数据试点中心开始在日常运行、内部管理、专业服务三部分普遍使用。2017 年初，根据全业务数据中心应用场景创建，和企业日常经营紧密合作，积极开展大数据研究工作，取得良好的成果。在电力服务经济上具有明显效果，当前已整理出电力景气指数研究、经济周期和产业特征研究、城市负荷热点和潮汐流动等三部分数据，主要目标是利用电力数据了解经济，为企业发展决策带来参考。另外，平台主要承担电力用户用电信息采集工作、宣传应用工作、95598 客户服务工作、用能服务管理工作、需求侧管理工作，不断积累海量数据信息，业务数据总量不断增长、类型不断丰富，体现出数据优势，顺利完成了企业级数据资源整合和共享使用。国家电网公司制定以国网云平台为基础建设"三朵云"的方案，也就是公司管理云、公共服务云与生产调度云，最终进一步促进大数据云计算技术在电网建设、管理、服务方面的使用，促进世界能源互联网的完善。

中国南方电网有限责任公司（简称南方电网）在大数据应用方面也取得良好的成果，比如南方电网生产技术支持基地的建设，其中包含电能质量监督、雷电监督、覆冰监督等不同模块。南方电网科学研究院也顺利创建了本公司的办公桌面云与实验云、其中建设了云计算和大数据研究渠道，开始创建虚拟数据中心。此外，尝试和云南电网有限责任公司合作建设云计算实验室，未来会申报创建国家电力大数据技术科研（实验）基地。在实验室创建之后会着手进行电力大数据和相关应用技术的科研活动。

四、电力大数据的发展前景

能源产业是第三次工业革命的引导者，智能电网是"互联网＋"的突出表现，会给后者带来技术应用、服务形式、发展模式等不同领域的变化。"互联网＋能源"体现为互联网和现有电网的融合，学习和参考互联网发展电网主要科技方式，持续强化用户感受，发挥价值共享作用，改变产业发展界限，提升能源使用效率，进而完成各方面的能源资源共享，架构稳定且和谐的能源网络环境。能源互联网则是后续电网建设的主要趋势与方向。

今后能源管理主要将能源互联网作为核心，以"确保地区能源稳定供应，完成地区能源和谐供应"为发展目标，基于电能，集合冷、热、水等不同形式的能源，建设源—网—荷彼此结合的地区型能源互联体系。其可以创建科学的能源分配和节能方案，减少用能开支，确保能源的长久稳定供应，保证终端用能需求，完成地区不同能源协调管理与整体能效控制。

1. 驱动电网企业创新发展

大数据促使智能电网技术能力提高。在以特高压为重点的大电网持续建设当中，全程全网的物理数据和时空之间的联系日益密切，在兼容性、开放性持续增强的时候，电网承受巨大的外界冲击。当前和以后的电网会表现出下述两个特点：①互联网坚强和容量超大的平台化；②接入复杂和泛在的互联性，要求更新现有的电网技术理念。

基于估值以及高冗余配置的安全保证和设施状态的条件判决方式，主要通过大数据开展多要素、高密度、全流程、大范围的数据统计，完成对宏观因素和系统状态的准确预估以及辨识、对电网运作情况的整体掌控以及对各类资源的科学控制，确保大电网稳定运作。针对复杂的负荷动态和互动响应，通过大数据进行预估及掌握，确保调配均衡，柔性接纳以及时空改善。

2. 提升运营管理水平

电力系统是完成电能生产、传送、配置以及消费瞬时均衡的重要系统。智能电网需要重视不同类型新能源、分布式能源、不同类型储能系统、电动汽车与用户侧系统的对接，且通过信息通信系统完成集成任务，开展科学的管理与运作。风、光、海洋能等全新能源发电方式应用以及电能得到国家扶持，相关激励机制以及优惠政策随之出现，但是也会受到自然环境与天气情况的影响；分布式能源与电动汽车的产生与接入运作，用户侧系统和电网之间的互动主要和社会条件、用户需求有关；在智能电网建设时期，电网日益复杂，不稳定性更加严重，不同方面的时空联系日益密切，促使电网建设与运行承受宏观环境的冲击。此时，社会对电力供应的成本、安全、稳定性以及质量提出较高的标准，智能电网中 WAMS 系统、调度自动化模块、PMS 模块、输变电设施监控模块等为了解电网特点、预估电网发展以及可能存在的运行风险带来丰富的依据。通过大数据技术，可以针对电网运行时期产生的数据以及以往积累的数据开展全面的研究，了解电网发展与运作的主要规律，改善电网规划方案，完成对电网运作现状的整体掌握以及各部分资源的科学控制，增强电网的经济性、稳定性以及可行性。主要根据天气信息、环境信息、输变电设施监控信息，开展动态定容、提升输电线路整体效率，还能够提升输变电设施运作效率和维修能力；以 WAMS 信息、调度信息与仿真计算历史信息为基础，研究电网安全平稳性的时空关联特点，创建电网知识库，在其发生一定的变化之后，迅速预估电网的运作平稳性，且立即寻找解决方案，进一步增强电网的安全性以及可靠性。利用电力大数据技术对实时信息与历史信息的研究，重点强化对电力设施、资产的有效维护管理，且把人与社会因素纳入其中，改善现有的管理操作方案。

3. 打造智慧节能产品

电力行业不只是高质量清洁能源的生产者，还是一次能源损耗者，所以成为我国践行节能减排政策的主要行业。根据能源大数据、信息通信和工业制造科技，利用对能源供应、消费、移动终端等各类数据源内容开展综合研究，设计节能环保产品，为使用者带来价格低、效果显著的能源应用和生活模式。

以智能家居产品为例，智能家居产品不只可以为普通用户带来性价比更高的服务，也可以满足能源公司特别是电网企业改善用户侧需求、减少发电装机规模。电网企业可以使用电力数据采集和研究领域的优势，或者利用同设施生产者合作改善用户需求侧管理，或者彼此合作开发产品，提高经济效益。

4. 提高用户服务水平

用户端数据是需要行业持续发掘价值的金矿。大数据把不同行业的用户、供电业务、发电商、设施制造商集合到完整的环境中，引导电网企业挖掘用户的现实需求，根据数据研究结果调节进度、分配资源，做出正确的决策，且根据研究结果匹配服务需求。

在智能电网中，用户承担的任务日益重要，被动用户开始被主动的能源生产/消费者取代。用户系统不只可以在内部承担能源制造与消费管理，也可以在特定地区内进行能源交易，还可以在外部进行需求响应或转变为虚拟电站参加调度运作。加快用户和电网之间的互动是强化大电网自主性及提升其接纳规模化、间歇性新能源的重要方式。掌握用户电能使用特征，设计出科学的政策及市场制度，是全面激励用户提高能效、参加需求响应、需求优化的主要方式。基于 AMI 信息（表现出用户用能状况、用户分布式发电、储能系统与电动汽车的使用状况，参加电网互动状况），根据用户特征信息（房屋、经济收入与社会心理）及社会环境资料（气候、政策优惠等），研究预估用户的能源生产与使用特点，为电网规划与运行模式的选择带来一定的参考；加快电力需求侧管理，激励用户积极参加需求响应，完成和用户的科学互动，提升用户侧能效能力，为用户带来良好的体验，提升用户认可度。

5. 提供政府决策支持

电网是承担能源和用能的主体，当前的能源政策和机制必须超过基于因果关系与条件评估判定领域，将数据作为基础、关联研究作为依据，制定正确的决策。比如电价，尤其是阶梯电价定位，根据综合用能行为数据资料与生产、生活、生产费用等不同因素开展深入的研究，只有如此才可以全面激活各部分要素，得到良好的效果。比如新能源、分布式能源、电动汽车、需求响应等技术方式的普及使用，不只和技术完善程度与经济成本有关，也和能源政策及不同激励制度的实际效果有关。能源政策与制度的实际效果，是否具备普适性，都是必须思考的现实因素，直接影响到后期的数据感知与预测。

目前，国内开启全新的电力改革，重点配套文件随之陆续出台。以上政策与机制是否可以加快智能电网建设，必须在政策条例的试行时期开展全面的研究与检验，大数据是一种成熟且科学的方式。另外，电力和经济建设、社会稳定与民众日常生活有着不可分割的关系，电力需求数据可以全面、准确地表现出社会经济的发展情况和未来趋势。利用用户用电数据和新能源发电数据等资料，电网企业可以帮助政府掌握整个社会不同行业的实际情况、产业结构格局、预估经济建设趋势，通过丰富的数据资源，为有关机构的城市规划、宣传新能源与电动汽车、加快智慧城市建设提供较大的帮助。

6. 支撑未来电网发展

未来电网距离长、范围较大、泛在智能与共享，将引发电网运作制度和商业模式的再次架构。在未来复杂电网中，也会表现出电源的多元性、普及性、时移性及负荷的移动性、共享性等特征，终端海量信息的产生，不同类型的管理终端的频繁接入，电网必须增强柔性及自适应性，进而全面满足送受端的时空变异及形式的复杂性。在以上状况下，基于原本的状态信号指令不能做出正确的决策，需要开展科学的负荷预估、研究和及时呈现，需要以海量、多维、丰富的数据作为支撑进行预估、警示、机器决策与人工判定。在智能电网不断朝着高级别进发的同时，需要以世界数据为基础实现能源电力系统的平衡，全面确保电网和相关系统的稳定与可靠。大数据在电网建设和未来发展中将发挥重要作用。

第四节　电力大数据面临的安全威胁

在大数据条件下，电力领域的安全需求也在出现较大的改变，从数据筹集、整合、选取、挖掘到对外披露，该过程逐渐产生全新的链条。在数据日益集中且数量增多时，针对产业链内的信息开展安全保护受到的阻碍随之增加。此外，信息的分布式、协作式、开放式操作也存在外泄问题，在具体应用时，怎样保证用户和个人信息资源的私密性，是未来一定时期内电网企业必须思考的现实问题。但是，当前的信息安全方式不能全面满足大数据时期的安全需求，安全风险已经转变为限制大数据技术开发的阻碍。

一、电力大数据基础设施安全威胁

电力大数据主要设施包括存储设施、计算设施、一体机及相关软件（如虚拟化系统）等。为促进大数据的普及应用，要重点建设符合现实需求的基础设施，并利用不同类型的服务器及运算设施对数据开展研究和应用，如，采集各种类型数据源的高效网络，存储海量数据的规模化存储设施。以上基础设施体现出虚拟化及分布式属性，在为用户提供全新的应用软件的同时，也存在一定的安全风险。

（1）非授权访问，也就是并未提前得到电力系统的认可，使用网络或计算机资源。比如，特意回避系统访问控制制度，对网络设施和资源进行非正常应用，或私自扩张应用权限，超越权限访问数据。采取的方式是假冒、身份攻击、非法用户进入系统内做出违规行为，以及合法用户在没有得到授权的时候开展操作等。

（2）信息外泄或者遗失，包含电力信息在传输时外泄或者遗失（如使用电磁外泄或者搭线窃听形式采集私密数据，或利用对信息流向、流量、通信频度以及长度等数据的研究，盗取有价值的数据等），在存储介质中外泄，黑客利用创建隐蔽隧道盗取敏感内容等。

（3）网络基础设施传输时损坏电力数据。大数据主要使用分布式及虚拟化结构，与传统设施相比可以传送丰富的信息内容，大量电力信息在共享系统内可以被全面集成和复制，在加密力度较低的时候，攻击者可以利用实施嗅探、中间人攻击等不同方式盗取或者私自更改信息内容。

（4）拒绝服务攻击，也就是利用对网络服务系统的扰乱，更改原本的操作环节或者进行无关程序，造成系统反应较慢，阻碍普通用户的应用，导致用户受到负面影响，无法获得应有的服务。

（5）互联网病毒传播，也就是利用信息网络扩散病毒。基于虚拟化技术存在的安全漏洞进行攻击，黑客主要使用虚拟机管理系统存在的缺陷，进入到宿主机及其相关虚拟机。

二、电力大数据存储安全威胁

大数据应用迅速普及，在存储架构方面形成全新的需求，与之相关的研究应用需求随之增多，促进 IT 技术和计算水平的提高。数据源自不同领域，具体规模甚至超过 PB 量级，以往的结构化存储系统不能全面满足当前的实际需求，所以，必须使用符合大数据处理要求的架构。电力大数据存储系统要具备较高的扩展力，主要利用新增模块或者磁盘存储扩充容量；该系统的扩展与延伸必须体现出操作便利性，最好不需要停机。在目前的宏观环境中，Scale-out 架构开始得到各界人士的认可。Scale-out 主要表示基于现实需求新增对应的服务器及存储应用，依赖不同类型的服务器、存储合作运算、负载平衡和容错等功能进一步提升运算水平和稳定度。和以往的烟囱式架构存在较大的差异，Scale-out 架构有助于进行无缝扩张，防止出现存储孤岛问题。

在现有的数据安全问题中，数据存储是违法入侵的最终环节，于是逐渐产生了成熟的安全防护系统。大数据的存储需求一般表现在数据处理、规模化管理、低延迟读写效率及低成本创建与运营等方面。大数据的数据类型较多、规模庞大，确保以上信息数据被高效使用是保障数据安全的关键基础。在数据应用的整个过程中，数据存储成为重要一环，数据处于该时期的周期较长。目前，大部分企业使用非关系型数据库进行储存，所以，本节主要探讨此类数据库承受的安全风险。

1. 关系型数据库存储安全

关系型数据库的主要理论内容是 ACID（atomicity、consistency、isolation、durability，原子性、一致性、隔离性、持久性）模型。原子性主要表示事务中涵盖的操作全部做或者全部不做。一致性主要表示在事务正式进行以前，数据库位于一致性阶段，在完结之后也要保持同样的阶段。隔离性强调系统需要确保事务不受其余并发执行工作的波及，如针对任意事务 T1 与 T2，在 T1 角度上，T2 或者在 T1 开始以前完结，或者在 T1 结束以后正式执行。持久性主要表示某事务顺利完成之后，其对数据库的更改是永久性的，即使在系统遭遇故障的时候也不会出现外泄问题，数据的重要作用是保证持久性的关键因素。

根据 ACID 模型可知，关系型数据库具备通用性设计特征，在性能方面会受到一定的影响，当前主要利用集群作用提升横向扩展水平。关系型数据库的主要优势是具备强大的并发读写实力，数据具备显著的一致性，结构化查找和复杂研究水平高，具有统一的数据访问接口，也具备下述优势：

（1）操作便利。可以利用应用程序和后台建立联系，便于用户进行相关操作。

（2）容易维护。由于内部结构完整，在实体、参照及用户定义方面具备较强的完整性，可以明显降低数据冗余和不一致问题出现的可能性。

（3）方便访问数据。方便访问视图、存储过程、触发器、索引等多方面内容。

（4）安全稳定。权限划分与监督管理，进一步增强了安全性和稳定性。

一般来说，数据结构化对系统设计与数据保护方面具有深远的影响。结构化数据方便管理、加密、操作与划分,可以在一定程度上辨别非法入侵信息,虽然无法全面避免安全问题,但是依然可以获得良好的安全防护作用。

关系型数据库体现出的 ACID 特点有助于确保数据库事务的正常进行。主要利用统一的安全功能确保信息内容的私密性、完整性及可用性,如以角色为基础的权限管理、数据加密制度、支持行与列访问管理等。但是其也存在明显的缺点和不足,主要是无法迅速处理多维数据、无法在短时间内处理不同类型的海量信息、高并发读写功能较差、容量不足、数据库无法进行有效扩展、适用性不足、创建与维护费用高等。

2. 非关系型数据库存储安全

因为电力大数据体现出数据规模庞大、类型较多、增长效率高及价值密度不足的特征,使用传统关系型数据库管理方式要支付更高的费用,扩展性也无法达到要求,数据查找效率低。针对占比超过 80% 的非结构化数据,一般使用 NoSQL(not only SQL)技术进行存储、管理及研究。NoSQL 主要表示非关系型数据库,涵盖众多不同种类的数据存储。与关系型分布式数据库的 ACID 模型对立,其参考的主要理论知识是 BASE 模型。BASE 模型源自互联网电子商务行业的实践积累,也是以 CAP 理论知识为基础持续演变产生的,主要观点是即便无法实现强一致性(strong consistency),也能参考实际应用特征使用合适的形式确保最后的一致性(eventual consistency)。BASE 是 basically available、soft state、eventually consistent 的缩写,也是对 CA 应用的扩展。BASE 主要概念是:通常可以使用(basically available);软状态/柔性事务(soft state),也就是状态存在部分时期的不同步现象;最终一致性(eventual consistency)。BASE 是反 ACID,其和 ACID 模型存在较大的差异,忽视强一致性,得到基本可用性以及柔性可靠性效果,且实现最后的一致性目标。

根据 NoSQL 理论内容可以了解到,因为数据类型较多,非关系数据无法利用标准 SQL 语言完成访问任务。此类存储方式的突出优势是数据的可延伸性及可用性、存储的自由性。不同数据的镜像都存储在对应的区域,保证其可以正常使用。NoSQL 存在的主要问题是一致性不足,要得应用层的保护,结构化查找运算水平不高。

NoSQL 会带来下述安全风险。

（1）模式成熟度较低。当前统一的 SQL 技术主要是严格的访问控制及隐私管理软件，但是在 NoSQL 系统中，不存在类似的标准。实际上，NoSQL 不能继续使用 SQL 方式，其必须寻找全新的形式。比如，和以往的 SQL 数据存储方式比较，列与行级的安全效果良好。另外，NoSQL 可以持续对数据记录增加属性，重点为此类新属性确定安全策略。

（2）系统完成度较低。在承受各方面安全风险的影响之后，关系型数据库与文件服务器系统的安全体系日常完善与全面。即便 NoSQL 能从安全设计方面积累丰富的经验知识，然而在短期内 NoSQL 依旧会存在较多的问题。

（3）客户端软件故障。因为 NoSQL 服务器工具并未设置成熟的安全机制，所以，需要针对访问以上软件的客户端应用提供有效的安全方案，但是也会导致其他问题的出现。

1）身份验证与授权功能。安全方式导致应用工具日益复杂。比如，应用程序要确定用户与角色，另外确定是否为用户提供一定的访问权限。

2）SQL 注入难题。影响关系型数据库应用程序的现实问题也会影响 NoSQL 数据库。比如，在之前举办的 BladeHat 会议中，工作人员展示了黑客怎样通过"NoSQL 注入"查找受到限制的数据内容。

3）代码存在较大的 bug。行业内存在较多的 NoSQL 产品以及应用工具，工具较多存在的漏洞就更多。

（4）数据量多且过于分散。关系型数据库一般在相同区域储存内容。然而大数据系统使用其他方式，把数据零散的储存在不同位置以及服务器中，进而完成数据的科学化查找以及备份。在以上状况下，无法直接确定以上数据且做出相应的保护。

非关系型数据的主要优点是扩展便利、读写迅速及费用较低，然而也表现出诸多问题，如无法支持 SQL、产品类型较少、无法保证数据的完整性、缺少强大的技术支持等。所以开源数据库从产生到市场应用需要较长的周期。

三、电力大数据网络安全威胁

互联网和移动网络的迅速发展也在一定程度上影响大众的日常生活与工作模式，此外也导致较大的安全风险。网络遇到的风险可以划分为不同的类型。广度概念是指安全问题因网络节点规模的增大而表现出爆炸式增长。深度概念表示传统攻击并未消失，且类型较多；高级持续性威胁（Advanced Persistent Threat，APT）攻击开始增加，导致的风险持续增多；攻击人员的工具与方式表现出平台化、集成性等诸多特征，体现出明显的隐蔽性、较长的攻击性和潜伏周期、攻击目标清晰且具体。根据以上概念内容可知，规模化网络遇到的现实问题是：安全数据规模庞大；安全风险无法察觉；安全综合情况不能清楚阐述；安全局势无法清楚调查等。

以上研究表明，网络安全是电力大数据安全预防与保护的关键。当前的安全机制针对大数据时期的安全防护存在一定的缺陷。首先，大数据环境中的信息爆炸式增长，造成源自互联网的非法入侵问题随之增多，风险防御局势较为严峻。其次，因为攻击方式层出不穷，当前的网络攻击方式不能被轻松辨识，导致当前的电力数据防护制度承受较大的压力。所以针对以上规模庞大的网络，在安全方面，不只要使用访问管理、入侵测试、身份辨识等主要防御方式，此外也要求管理者可以尽早感受到网络中存在的不正常事件和综合安全局势，从庞大的安全事件与日志中寻找到具备价值、亟须处理的重要安全问题，最终确保网络的安全性。

四、电力大数据带来的隐私问题

电力大数据一般涵盖丰富的用户个人行为信息等，在整个行业大数据应用的不同时期，假如不能保证数据安全，就会导致用户个人信息外泄。另外，大数据来源较多，导致源自不同领域的数据可以开展交叉检验。传统时期，部分获得数据的企业经常提供进行基础匿名化处理的数据当作测试集，在当前的条件下，多源交叉验证也许可以寻找到匿名化数据隐藏的真实用户信息，造成信息外泄问题。

隐私外泄成为大数据需要妥善处理的现实问题。大数据环境中，当前的隐私保护技术方式并不成熟，不只要创建保证用户隐私的成熟法律系统及主要规则，也要激励隐私保护软件的开发、改善与应用，从技术角度确保隐私安全，健全用户保障系统。另外，应促进产品重视用户隐私安全内容，倡导在行业内保护用户隐私，创造和谐的环境，且设计合理的产业标准或共识。

（一）电力大数据中的隐私泄露

传统数据安全通常以数据生命周期为基础进行设计，也就是数据的形成、存储、应用与销毁。在类似应用持续增多的时候，数据获得者与管理者彼此分开，原本的数据生命周期开始发展为数据的形成、传送、存储以及应用。因为大数据规模不存在限制，大部分数据的生命周期相对短暂，所以，一般安全产品如果要彰显出自身的作用，重点是怎样基于数据存储及加工的动态化等特点，动态查找数据边界，监督数据处理工作等。

电力领域的大数据隐私泄露主要有下述途径。

（1）在数据存储的时候伤害用户隐私权。电力领域的用户不了解数据的真实储存位置，用户对自身数据的采集、存储、应用、分享不能科学控制。

（2）在数据传输时期伤害用户隐私权。大数据时期，电力信息传输体现出开放性及多元性，以往采用的物理区域隔离方式不能全面确保远距离传输的可靠性，电磁外泄与窃听变成主要安全风险。

（3）在电力数据处理的时候伤害用户隐私权。电力大数据时期应用丰富的虚拟技术，基础设施的脆弱性及加密方式的失效也许会导致全新的风险。规模化数据处理要求系统的访问控制以及身份认证监督，避免没有经过授权的数据访问，然而资源动态共享的方式会在一定程度上导致监督难度提高，账户劫持、入侵、身份伪装、认证失效、密钥丢失等影响到用户个人信息安全。

（二）法律和监管

海量数据的集中导致国家、企业机密信息外泄，对电力大数据的不合理应用导致关键信息外泄问题。在政府角度上，确定关键领域数据库的标准，设计成熟的领域数据库管理与安全操作机制，强化监管力度。在企业角度，强化企业内部管理力度，制定设备尤其是移动设备的安全应用标准，确定大数据的正

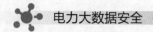

常使用方式与程序。

五、针对电力大数据的高级持续性攻击

（一）APT 攻击

美国标准技术研究院确定了 APT 的具体概念：精通复杂技术的攻击人员主要通过不同攻击向量（如互联网、物理与欺诈）集中资源抓住机会完成自身目标，以上目标一般是对目标企业的信息技术架构的私自更改，进而得到需要的数据（比如把数据从内网传输到外网），实施或阻止某个任务、工作；或者进入对方架构内盗取信息。

APT 产生的威胁一般是：

（1）长期反复同样的操作；

（2）适应防御者继而形成抵抗力；

（3）保证一定的互动水平进而盗取数据内容。

总之，APT 是指长期盗取数据。作为具有清晰目标、有计划的攻击形式，APT 在流程方面和一般攻击行为没有较大的差异，然而在实际攻击环节上，APT 表现出下述特征，导致其体现出明显的破坏性。

（1）攻击行为特点无法轻松提取。APT 一般使用 0day 漏洞得到权限，利用不可知的木马开展远程操作。

（2）单点隐蔽水平高。为有效躲避现有的检测设施，APT 必须关注动态行为与静态文件的隐藏性。

（3）攻击类型较多。当前已知的著名 APT 事件中，社交攻击、0day 漏洞、物理摆渡等形式随之出现。

（4）攻击维持周期长。APT 攻击可以划分为不同环节，从早期的信息采集到数据窃取且传输通常需要几个月乃至更久的时间。

在全新的局势下，APT 也许会把大数据当作核心攻击目标，APT 攻击的以上特征导致之前以实时测试、阻断为重点的防御形式无法充分发挥效果。在和APT 进行对抗的时候，需要改变想法，使用全新的检测手段，解决当前存在的问题。

（二）电力线攻击

1. 电力线攻击的产生

以色列内盖夫本古里安学院的工作人员专注于利用旁路攻击从电脑盗取数据的课题。他们在 2018 年对外披露了全新的研究结论——Power Hammer，利用电源线传输的电流波动隐匿地获取关键数据信息，Power Hammer 应用场景图如图 1-1 所示。电力线原本是为电力设施供应电源使用的线路，其中电力线上形成的电流跟随负载的功耗出现变化，就是因为上述特点，电力线的电流波动变成攻击人员借用的方式。利用以上看似"正常"细微波动从电脑中采集关键数据内容的行为彻底改变了外界对电力线的了解，另外也引导我们关注到电力线的安全预防与保护问题。

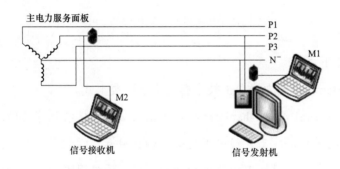

图 1-1　Power Hammer 应用场景示意图

2. 电力线上的寄生信号

在一般计算机中，电流通常源自主电源朝着主板供电的电线。CPU 是主板中损耗电力最高的部分。当前的 CPU 体现出高性能特征，所以 CPU 具有的瞬时工作负载事关具体功耗的波动情况。调整 CPU 的工作负载能有效管控损耗，最终管理电流变化。通常状况下，CPU 满载运作时会损耗较多的电流。故意启动及暂停 CPU 工作负载通过特定的频率在电源线上形成信号，且将其调节为二进制数据。工作人员开发出寄生信号的形成模型：利用目前 CPU 使用的核心（其余进程没有采用的核心），通过不同数量的核完成传输，调节电流损耗（CPU 核满载时，电流损耗高；空载时，损耗低），最终有效调节载波的振幅，使用幅度调制促使数据在信号幅度区间进行编码。显然，在信号传送时为了准确划分二进制 0/1 编码，工作人员使用 FSK 频移键控调制进行传送。如图 1-2 所示，任何四核的 CPU，C1、C2 两部分内核应用在其余进程，Power Hammer 攻击方式主要使用 C3、C4 两部分闲置的内核完成数据传送，假如 CPU 内核数量较多，得到效果越突出，由于内核满载，因此损耗的电流较多。

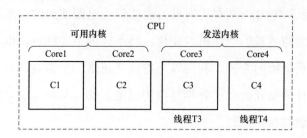

图 1-2　具备两个传输线程的 CPU

3．攻击形式

Power Hammer 电力线攻击技术存在下述两类形式。

（1）Line level power-hammering。攻击人员可以接触到连接电脑电源的电缆。此方式的重点是攻击人员可以直接接触到目标，因此存在较大的阻碍。然而因为能近距离了解目标电力线电流损耗信息，受外界影响不大，所以，该方式能得到更高的泄露数据速率。如图 1-3 所示，a 处是 Line level power-hammering 攻击。

（2）Phase level power-hammering。攻击人员只能了解到建筑物主配电网的主电器服务面板的电源线。在使用此方式的时候，攻击者不需要直接了解攻击目标，重点是在服务面板一端进行信息采集。然而因为电力线路较长，会受到较大的噪声，所以，该方式通常得到的泄露数据速率不高。如图 1-3 所示，b 处是 Phase level power-hammering 攻击。

总而言之，越接近目标，采集目标数据的效率就越高。

4．电力线攻击危害评估

目前，基于物理隔离网络的攻击方式不断增加，体现出多样化特征，借助的物理介质随之增多，也出现了把不同攻击方式搭配起来得到危害性更高的攻击技术。此类技术体现出明显的优势，由于其依靠真实世界中经常存在的、必须使用的传输介质——电。目前计算机需要依靠电力线得到电源，以上必须存在的设施可以为电力线攻击带来基础。另外在进行的类似攻击行为中，信号质量一般和电网内部造成的噪声有关，和衰减之间的关系不大。

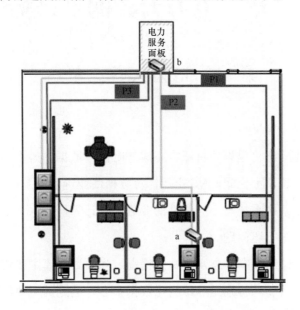

图 1-3 Power Hammer 攻击方式示意图

根据探究结果可知，数据主要利用电力线从物理隔离的电脑中以 1000bit/s 的速率开展 Line level power-hammering 攻击，也就是以 10bit/s 的速率开展 Phase level power-hammering 攻击。

攻击者也许会通过电力线攻击方式影响电网等主要基础设施，导致一定的负面影响。也可能和其他物理隔离条件下的攻击方式配合进行等级高、隐秘性较强、破坏较广的攻击行为。总之，不管是怎样的攻击行为都值得进行深入的探究，只有掌握此类行为的具体情况才可以有效规避，寻找正确的方式应对类似的攻击行为，保障数据传输的安全性与稳定性。

第二章 电力大数据平台构建

第一节 电力大数据平台

一、平台建设意义

在电力企业信息化建设项目即将完成的时候，数据中心不同类型的业务系统存储了大量信息，且不断递增。企业针对数据商业价值的发掘需求持续增多，当前的数据中心架构系统与不同类型的业务系统计算研究水平依旧不能满足现实需求。主要存在下述问题。

（1）数据存储的横向扩展水平亟须提高。当前数据库主要使用集中式服务器建设，扩展性较弱。特别是非结构化数据中心，遇到的主要问题是无法继续扩展且整体成本高。必须通过分布式存储、分布式关系型数据库集群形式，完成数据存储横向扩展，才可以开展海量数据的统一存储和加工操作，满足当前数据持续增长的现实需求。

（2）数据实时处理水平亟须提高。在信息采集朝着大范围、多类型、高频率、高精准趋势迸发的时候，对信息处理效率提出较高的要求。当前数据处理主要使用单节点模式，没有并行计算处理水平，主要采用传统离线处理方式，没有足够的数据实时加工处理能力。因此要借助实时数据采集、内存计算、流计算、并行计算等新科技，进行全新的数据计算处理平台研究，提高数据采集和处理水平。

（3）数据融合与深度挖掘能力明显提升。电网日常运作和企业内部管理信息涉及多方面内容，主要涵盖网络日志、音频、视频、图片等不同形式的信息，各类信息对处理能力提出的要求各不相同。目前，各类数据的精准性、唯一性和彼此之间的关联性要持续强化，只有如此才可以为业务系统带来决策研究支持。但是目前数据中心主要存在提供数据相对隔离、出现数据"烟囱"、信息无法全面共享等问题；从公司数据整体性方面开展的挖掘分析有待增强。因此，需加强对四类平台进行整合提升，解决数据服务手段形式单一所带来的不足，通过改变现有分散数据服务模式，封装更为丰富的数据服务，构建统一的数据服务平台，并在此基础上开展数据整体挖掘分析。

选择不同类型的自主可控基础软硬件、开源软件或者国内成熟安全可控产品，提高一体化平台数据采集储存、加工操作与计算研究服务水平，设计企业级大数据渠道有助于提高电力企业数据应用能力以及商业经济效益，体现出不可忽视的价值。

大数据平台基于电力企业原本的差异制定成熟的发展计划，根据现实场景和需求设计。平台建设通常从每秒钟查询率、并发量、数据量、网络带宽、信息安全等多个部分进行全方位思考，明确服务器和交换机数量、配置、性能等现实需求。通过大数据技术采集信息、在线测试、计算研究与决策扶持的突出特点，进一步提高了电力公司在规模化数据储存、高效数据研究、深层次数据发掘等部分的能力。不仅可以满足电力企业后续的业务应用需求，还可以对企业建设规划提出合理的指导意见，为创建世界领军企业奠定良好的基础。

二、平台建设目的

电力企业信息化工程建设基本完成，积累了丰富的结构化信息、非结构化信息、海量历史准实时信息以及地理信息。电力企业指出要重视"数据研究，提高数据应用能力与商业价值，促进第三次工业革命"，应用企业统一组织自主可控基础软硬件研究结果，进行分布式基础架构筹划，创建"硬件定制化、软件开源化"的大数据平台的标准。

建设平台主要使用 x86 架构，优化公共数据组件以及智能研究决策平台，建设企业级别的大数据平台，完成数据资源集中存储、数据集中对外服务，扶持大数据研究应用、专业研究应用和实时决策等研究类软件，确保在海量数据条件下增强系统的实际性能。为不同类型的应用提供数据采集操作、存储操作、计算操作、研究挖掘等技术支撑。此外作为企业级别的大数据渠道，可以提供在线生产数据存储水平，针对一般用户、开发人员、上层业务系统等不同方面，提供基于数据的储存、处理、分享、研究计算、通用研究模型算法、可视化组件等有关服务。

三、平台建设现状

大型电力企业设计了连接贯通、横向集成的成熟化信息平台，涉及总部、省市、地市等不同区域的业务信息系统，且建设结构化、非结构化、大量历史/准实时、电网空间地理信息四种不同类型的数据平台，扶持公司数据共享结合、研究决策系统的创建。

利用创建成熟的大数据基础平台，数据的海量、不同类型、实时（也就是"量类时"）特征，在当前的电网业务数据中日益突出，基于大数据技术的普及应用，有助于扶持智能电网发展；针对数据开展科学、高效的整合与研究，不断缩小数据存储规模，减少数据研究使用的计算资源，最终引导企业信息资产的科学化应用；进一步打破不同部门之间、子公司之间的壁垒，防止数据处理、智能决策体系的反复建设，节省不同部门的单独购买费用。进一步提高人工智能研究水平，利用趋势预估提供相应的决策依据以及成熟的数据资源，进而降低突发问题处理使用的资源：引导企业集合大量数据，建设成熟、高效的IT基础结构，加快企业IT基础架构朝着绿色、环保的趋势进发。

四、平台建设总体要求

1. 主要功能

大数据平台核心功能是独立研究大数据技术组件以及集成成熟开源产品，且针对当前可以反复使用的信息基础组件实施相应的改造，设计企业成熟的大数据平台，处理海量业务数据储存和研究遇到的问题，支持业务应用，提高企业数据资源整合处理以及价值提升能力。使用开源的 Hadoop 生态圈科技，且针对某些功能模块开展独立的二次开发，增加平台主要功能，使用定制化服务器设计符合电力企业要求的高级别大数据平台。且选择营销业务数据有关的场景开展研究，根据用户档案数据、电量信息、负荷数据，研究用户用电行为，设计用户用电模型库，提高对大客户的营销宣传准确度，提高整体服务水平。利用选择现实业务场景开展研究，主要为企业带来市场价值，此外检验不同功能的作用，最后通过得到的结果支持工作台、大屏可视化等不同渠道的展示。为业务系统大数据应用设计出成熟且完善的平台。整体架构主要是数据整合、储存、运算、研究、平台服务、安全管理、配置管理等不同部分，且提供不同类型的服务，促进业务应用的发展。

2. 平台性能

从电力企业的实际差异性开展初期调查和研究，明确后续一定时期内平台的发展计划，根据现实场景和需求设计符合业务应用需求的平台环境。平台建设重点从 QPS（TPS）、并发量、数据量、互联网带宽、信息安全等多个角度进行思考，明确服务器、交换机数量、配置、性能等现实需求。平台不只要满足电力企业后续的业务应用，也要确保系统的整体稳定性与可靠性。

大数据平台在主要业务处理过程中可以对超过 PB 级规模的数据进行检索；完成大数据流计算实时操作，每分钟处理数量超过 10 万项。在规模化用户上线应用的时候，可以维持当前用户的体验，开发条件下不影响用户主机资源占用量高的操作；系统上线、终端迁移也不会阻碍当前业务的连贯性，有助于减少用户的切换任务量，确保业务信息的全面迁移。大数据平台分布式存储节点故障时也可维持数据完整，不会阻碍存取业务的进行；分布式计算节点故障时要保障最终结果的精准性和不干扰数据研究运算业务及其流转；分布式消息队列节点故障要保障信息不遗失以及不干扰信息正常提交与消费；分布式任务调度节点故障要保障工作计划如期实施与完成。

3. 技术选型

因为大数据体现出信息体量庞大（Volume）、处理效率高（Velocity）、数据种类复杂（Variety）、灵活（Vitality）、价值密度不高以及复杂（Value 和 Complexity）的特点，即"5V＋1C"，在选择技术路线的时候需要重视下述条件：支持不同种类的数据存储与处理，主要包含结构化、半结构化以及非结构化等不同类型的数据；通过更低的成本储存海量数据信息。价值密度不高的海量数据不能使用以往的高成本存储方式；可以自主延伸进而支持持续增多的数据量，此外确保性能稳定；使用大数据技术行业科学、高效的技术路线、产品，维持科技领先性。

为全面满足大数据平台数据存储以及处理研究需求，基于并行数据库、内存数据库、实时数据库、Hadoop 等同类产品与技术开展研究，从技术特点、延伸性、经济性、自主知识产权、异构数据支持、生态系统融合特点等方面开展对比研究，为技术选型奠定基础。不同产品与技术具有的性能优点见表 2-1。

表 2-1　　　　　　　　　　技 术 优 势 比 较 表

产品	技术特点	延伸性	经济性	自主知识产权	异构数据支持	生态系统整合特点
关系数据库	适用于强一致性、事务性需求，共享存储	纵向延伸为重点，横向节点扩展受到影响	不高，成本较高，超过千万（ExaData）	主要是国外产品，国产为达梦、金仓	结构化数据	重点是数据库，也存在少量 BI 工具
并行数据库	主要适用于数据仓库	强，横向延伸，超过1000 个节点	好，可支持低廉的 PC 服务器	主要是西方产品，包含 EMC Greenplum HP Vertica、Tera Data 等；国产主要是南大通用 Gbase	结构化数据	主要应用在建仓库，在上层安排 BI 和数据挖掘技术
内存数据库	高效查找	强，理论上超过 250 个节点	较差，成本较高，1TB 内存超过 2560 万	无	结构化数据	主要是数据库
实时数据库	时序数据存储	强，延伸到100 个节点	较好	自主	时序数据	主要是数据库
Hadoop	分布式	强，横向延伸，当前最多 1 个基点，我国超过 5000 个节点	好，可支持低廉的 PC 服务器	自主，开源，具有国产发行版	可以支持不同类型的数据	生态系统健全，发行版较多，结合文件系统、数据库、内存运算、流计算、批量计算、数据挖掘等不同作用

Apache Hadoop 和其主要开源产品是当前普遍采用的大数据开源解决计划。Hadoop 可以供应分布式存储（HDFS）以及分布计算框架（MapReduce），有助于处理存储以及离线运算难题。Hadoop 生态系统中剩余上层使用 Hadoop

44

增加了 SQL 能力、脚本语言、流式计算、内存计算、数据研究等多个功能，提高了 Hadoop 的实时计算、交互式运算水平，促使 Hadoop 应用领域持续延伸。当前 Hadoop 去除在线交易型应用（OLTP）水平较低以外，在实时、交互式、离线等数据计算方面都产生了与之对应的支撑组件。

开源领域去除 Hadoop 生态系统以外也包含被普遍使用的 NoSQL 产品，利用分布式的 Key-Value 数据存储方式，有助于支持半结构化大数据，也是 Hadoop 的重要补充，另外还能使用到业务方面，提升数据访问水平。

各国工厂在开源 Hadoop 的前提下，利用定制研究与性能完善，设计出不同类型的 Hadoop 商用版本，当前主要是 Intel Hadoop、Cloudera Hadoop 等。此外某些厂商在 Hadoop 前提下设计出比较成熟的大数据解决计划或者产品。

现有的数据、软件服务企业，比如 Oracle、EMC、SAP、IBM、Teradata 等也在增强优势，独立研发大数据技术。Oracle ExaData 一体机、EMC Greenplum 数据仓库、SAP HANA 内存数据库、Teradata UDA 和 IBM 相关解决方案等主要使用和 Hadoop 生态系统结合的路线，成为具备良好计算水平以及分布式计算水平的成熟产品。

我国使用大数据技术的企业，主要是将 Hadoop 生态系统当作大数据解决方案的重点（比如中国移动、联通等），或者学习 Hadoop 思想自主研究同类产品（如阿里巴巴，初期使用 Hadoop，当前采用独立研究的飞天平台）。

根据以上技术特点，为全面满足 TB 级、异构、持续增加的数据存储和处理研究需求，以 Hadoop 平台为基础设计大数据平台成为最佳方案，其在延伸性、经济性、自主知识产权、异构数据支持等部分体现出不可忽视的优点；此外，关系数据库、消息总线等不同数据存储科技与数据整合应用，组建了大数据平台的技术框架结构。所以，企业大数据平台在创建时要选择合适的 Hadoop 版本当作重点，利用有机集成形式结合内存计算、流计算、研究挖掘、可视化等相关开源应用，且开展二次封装形成体系化平台组件，保证在更高的起点上创建企业级别的大数据平台。以国家电网公司为例，在其信息化系统建设架构标准之上，设计出整体技术路线，见表 2-2。

表 2-2 <center>总 体 技 术 路 线 表</center>

分类	选型标准
技术选型	界面展现软件，使用成熟界面展现方式，比如 JSP、JS 等；服务器开发方式，使用行业内领先的服务器端开发技术，采用 JavaEE 技术规范（使用高于 5.0 的版本，JDK 版本高于 1.6）
分类	选型原则
开发平台	SG-UAP
操作系统	Linux 2.6.32-358.23.2.el6.x86_64 （建议 CentOS 6.5）
中间件	Weblogic 10.2/Tomcat
数据库	PostgreSQL9.3.5、Mysql5.5.3
开源软件	Apache Licence 2.0 Hadoop 2.6 Hive 0.14 HBase 0.98.4 HDFS 2.6 Storm 0.9.3 Zookeeper 3.4.6 Sqoop 1.4.5 Quartz 2.2.0 Kafka 0.8.1 Nagios 3.5 Ganglia 3.5

4. 作用成效

（1）支持智能电网发展。通过大数据的"量类时"特点，彰显出海量、实时的优势，以大数据技术的使用为基础，促进智能电网等系统的创建。

（2）改善与优化企业信息资产。利用大数据技术，针对数据开展科学、高效的整理与研究，持续减小数据存储规模、减少数据研究使用的计算资源，最终提高企业信息的资产使用效率。

（3）减少建设费与人工费用。创建成熟高效的大数据基础平台，进一步改变不同部门之间、不同子公司之间的壁垒，防止数据处理、智能决策系统的多次创建，节省不同机构单独购买的费用；持续提高人工智能研究水平，利用趋势预估提供相应的决策依据以及多方面数据支持，持续降低解决突发问题需要的投资。

（4）绿色、节能、环保、成熟的 IT 结构。利用"大数据"技术的引入，引导企业进一步完成大量数据的统一整合，设计成熟、科学高效的 IT 基础结构，加快企业 IT 基础结构朝着绿色、成熟与环保发展。

第二节　电力大数据平台的设计与实现

一、平台设计原则

为全面确保大数据平台能安全、稳定的运作，整体技术结构的设计要全面思考相关指导标准，重点整理为下述几部分。

1. 集中规划与顶层设计

遵守从上到下，集中规划，合作促进，集中筹备包含企业业务应用的大数据平台顶层设计，统筹设计企业大数据各类行动方案，产生大数据整体结构和未来发展方案。

2. 开放性

大数据平台的设计必须秉持开放式标准，不能绑定某个公司的某个产品，必须全面满足不同系统之间的信息交互需求。

3. 可扩展性

全面思考可扩展性，遵守"强内聚、低耦合"，满足规模化业务建设以及发展的现实技术需求。

4. 服务型

大数据平台针对企业不同需求建设平台，设计成熟的共性服务型系统，不同专业都会根据大数据平台研究、运行不同类型的应用软件，创造成熟且稳定的应用环境。

5. 安全可靠性

平台设计需要遵从可靠性标准，在设计时要尽量减少因为信息基础设施问题而导致的业务无法如期开展的现象。此外，也要重视信息安全系统的创建，增强内部基础设施的安全性，确保数据信息的可靠。

6. 先进成熟性

为确保未来系统具有的性能，平台设计也要体现出产品以及技术的领先性和前沿性，进而适应一定时期内的业务需求以及技术研发需求；此外，尽量关注产品与技术的稳定性，强化信息基础设施的合理性与科学性。

7. 自主知识产权

平台设计必须遵守国产化和自主知识产权标准，根据行业内人员认可的行业或技术标准，正确的软硬件选型必须全面思考国产化，完整地系统地设计和组件研发有助于产生自主知识产权。

8. 经济性

平台设计需要体现出实用性、经济性，科学使用当前的资源，在领先、高性能的基础上科学控制投入资金，进而在成本最佳的基础上得到较高的经济与社会收益。

二、平台架构设计

（一）总体架构

大数据平台整体结构设计遵守业务驱动标准，根据业务实际情况全面思考未来的可延伸性以及前沿性，科学开展业务应用功能、数据控制、平台宣传、系统集成等相关设计工作，全部业务及其支撑功能的设计主要从实用性、易用性、可信性以及平稳性等部分着手。

在业务方面，大数据平台主要是提高当前平台的整体服务水平，满足电力企业后续的发展需求。必须根据企业的实际业务特征，维持企业现有信息化体系架构原则，确保相关业务功能和大数据平台全面结合，采用全新的技术提升企业信息化能力、发掘市场价值的同时也要减少转型费用，保障新平台、新渠道的稳定过渡。

数据管理方面，采用大数据平台提高数据处理水平，此外也要根据企业数据模型规范化标准设计公司数据模型，保障新平台内数据概念相符合，体现出更强大的精准性，为数据的深入研究、应用与发掘奠定坚实的基础。

大数据平台的创建主要是为企业业务发展以及后续建设提供帮助，所以平台具备的功能要满足电网个性化使用需求，提供不同类型的服务，促进业务应用的发展，完整的功能架构如图 2-1 所示。

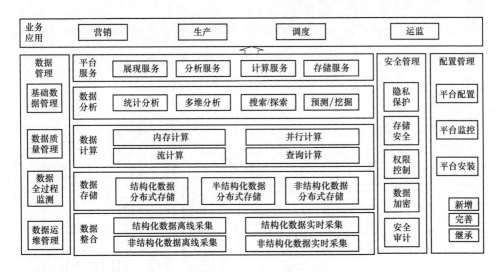

图 2-1　大数据平台总体功能架构图

（二）四大架构设计

1. 业务架构

大数据平台是电力企业 IT 基础设施的关键构成部分，主要承担信息存储、运算、研究、服务四部分职能，为业务系统大数据应用设计、运营奠定坚实的基础，所以该计划把当前的主要数据中心全面结合起来，全面发掘各类资源，确保数据共享，提高资源配置水平。从此部分进行思考，可以试图把大量历史/准实时数据中心和大数据平台结合起来，把大量历史数据全部转移到大数据平台，且针对平台实施适应性改造，完成大量测点信息在新平台的读写，继而使用大数据平台取代大量历史/准实时数据中心的原本业务，最后确保不同平台的结合。此外通过对电力企业数据模型的深入探究，设计大量数据的可视化模型管理软件，尽量使用自动化形式提高模型数据的精益管理水平。

2. 应用架构

基于智能电网不同流程发展有关应用平台，促进大数据的示范应用发展，在一定程度上促进服务企业发展模式与管理形式的改变。

大数据功能架构是全面思考业务需求以及技术能力的结果，在电网体系日益健全与企业持续建设的时候，催生了全新的大数据应用需求，基于智能电网不同流程等现实情况，采集、整理、归纳得到七个核心功能（主要是数据整合、储存、运算、研究、平台服务、安全控制、配置监管等系统），且带来不同类型的服务，有助于业务应用的发展，详细内容如图 2-2 所示。

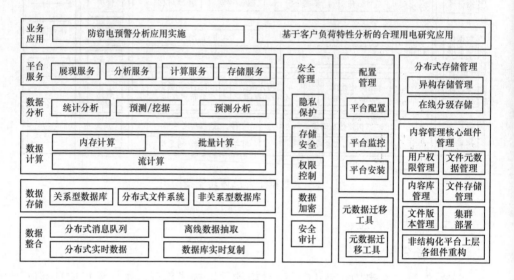

图 2-2　应用架构图

（1）数据整合。全面满足不同类型的数据库等异构数据源的接入要求，确保关系型数据库以日志解析为基础开展有效的复制。利用数据选取、实时数据筹集、文件数据筹集、数据库实时复制等众多技术从外部数据源选取以及整合结构化数据（关系数据库记录）、半结构化信息（日志、邮件等内容）、非结构化信息（文件、视频、音频等类型），此外，具备数据实时传输、实时采集、非实时采集等多种采集频率的接入功能。

（2）数据存储。建设符合电力大数据需求的分布式列数据库、文件体系、储存技术，利用大数据具有的优势，建设高性价比、高延伸性的成熟系统，主要承担信息储存任务，基于不同数据种类与运算要求，储存源自外部数据源的不同类型的信息，确保数据处理层的正常使用。一般状况下，非结构化数据储存在分布式文件体系内，半结构化数据主要使用列式或键值等不同类型的数据库，结构化数据主要使用行式存储方式，而时效性较强、运算标准高的信息需要采用实时数据库。

（3）数据运算。针对不同类型的大数据提供流计算、批量运算、内存运算、查询运算等诸多功能，支持对分布式储存的资料文件或内存信息的查找与运算。利用流计算方式提升实时研究操作的计算水平，最终完成高效运算、预警等。利用离线计算提升落地信息的运算水平，完成信息的规模化操作。

（4）数据研究。在大数据条件下，跨业务的研究模型与数据发掘运算方式，制定大数据关联研究模型库与算法库。通过大数据的 R 语言、机器学习、模式辨识方式，针对大量数据开展模拟研究与运算预估，达到实时、离线应用的研究挖掘要求，针对不同类型的大数据实施加工、操纵、研究以及发掘，形成全新的业务价值，寻找正确的发展趋势，为业务决策带来一定的凭证。为企业研究决策应用设计奠定坚实的基础。

（5）平台服务。封装平台集中服务接口层。达到文件信息的多协议访问和不同类型数据的 SQL 操作要求；提升整个渠道的数据运算水平、数据研究水平；支持研究场景展现页面的线上建模、设计、预览且公开。把底层数据研究软件、组件等能力封装之后为业务系统的大数据应用带来重要的服务支撑，主要是存储业务、运算业务、研究业务、展现业务等。

（6）安全管理。数据采集终端、数据源系统、业务应用系统接入的时候要确保接入形式符合要求，可以开展身份认证；不同业务类型的数据顺利对接之后，要在存储环节保证信息不会被私自复制、读取、更改，管理信息、文件的访问权限。分析数据的时候也许涵盖用户的个人信息，框架方面要设计一定的方式保护用户个人数据不会被泄漏以及私自使用；初始数据和研究结果在应用的时候需要设计用户权限管理，用户只能了解到自身拥有授权的信息，此外针对非法访问开展安全审计，妥善处理当前条件下的数据筹集、储存、研究、应用等时出现的比如身份验证、授权时与输入验证等现实安全难题。因为在数据研究、发掘时期包含企业不同业务的关键数据，避免信息外泄，管理访问权限等安全举措成为未来开发的重点。

（7）管理分配。针对不同组件进行统一控制、配置以及监管。支持对平台存储、计算等各类资源的高效配置；可向导式的装置组件、动态调节组件配置和服务运作参数、在线确立节点服务角色和服务开启与暂停、集中管理与分配工作；可以把分布式集群下的系统和组件的运作日志集中起来，进行全面的划分、整合与呈现；可参考提前设计的运维指标完成实时监督与图表呈现，全面监督大数据处理整个时期的运作情况、资源应用状况以及接口调用状况等主要指标，且针对存在的险情提前进行预估，具有大数据组件装置、调节以及状态管理功能，可在短期内增加应用功能，可以随时监督与调节任务，针对大数据集群的运算与存储资源开展科学的配置与监管。

（8）实时流处理。针对实时数据流开展高效的研究操作，实现高效决策、预警目标。

（9）运维。全方位监督大数据处理所有环节中各方的相关状态，具有大数据应用功能的自定义配置功能，可以迅速扩展相关功能。

3. 数据架构

当前电力企业整体架构方案中，并未重视到大数据平台的数据架构内容，根据整体架构蓝图信息技术管理数据域对信息技术进行有效计划，制定完成的数据结构，详细情况如图 2-3 所示。

平台利用大数据连接器、ETL、JDBC、服务总线、消息队列等不同方式，选取不同类型的数据，针对以上数据进行集中规范和约束，制定统一标准，且根据时效性不同的运算和现实需求，划分不同的类型开展数据储存、流转和管理，目前采用下述几种方式进行。

（1）链路 1。利用大数据连接器、ETL、JDBC、服务总线、消息队列等不同形式把大量强关系型结构化数据信息（日常管理、营销监管、用电采集、SCADA、ERP、规划方案、商务活动、外部信息等）整合到平台内的关系数据库集群中，且开展高效的运算。

（2）链路 2。利用大数据连接器（Sqoop）把海量、不具备明显关系的结构化数据（日常管理、营销管理、用电采集等）和大量/实时数据整合到分布式数据库，且面向时效性各异的运算需求划分不同的类型，内存计算主要面向交互性研究需求，进而把得到的结果迅速的传播出去，便于数据调查与研究，方便开展人机交互，其中离线运算重点是针对大批量数据的离线运算，应用在时效性需求不高的数据处理活动中。

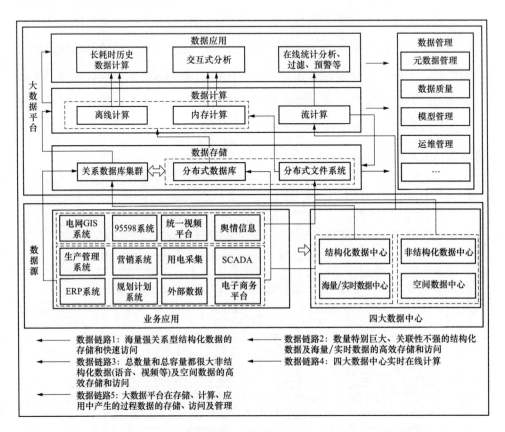

图 2-3 数据架构图

（3）链路 3。利用大数据连接器（Flume）把总量以及容量均庞大的非结构化信息（95598 语音、视频、舆情等）及空间信息集中到分布式文件系统，使用离线运算和内存运算完成操作。

（4）链路 4。利用消息队列把主要数据中心要求时效性运算的信息（用电采集、SCADA 等）读取到流计算框架中开展后续的操作，且把得到的结果根据使用需求储存到对应的系统内。

（5）链路 5。利用大数据平台数据管理系统对信息存储、运算、应用时期

53

出现的过程数据实施储存、访问和监管，主要是元数据、信息质量、模型、运作维护等各部分的管理。

4. 技术架构

大数据平台技术组件主要是集成开源产品，针对当前可以重复使用的电力企业基础信息组件实施改造与优化，有关生产应用可以在合适的时候转移到大数据平台。平台核心分布式储存和运算组件使用 Hadoop 技术系统内分布式储存技术，此外通过集中目录、集中权限和平台开展成熟的安全管理。目前涵盖信息储存、整合、运算、研究、平台服务、权限分配、安全控制七部分，技术结构如图 2-4 所示。

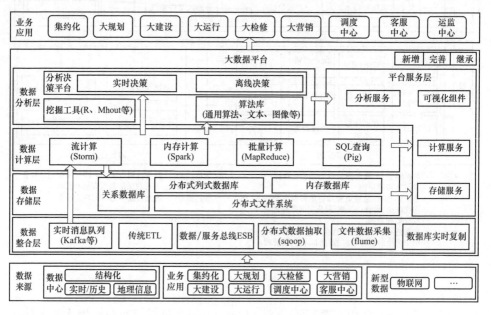

图 2-4　技术架构图

（1）数据来源。平台具有不同类型的数据储存功能，建立相同的存储访问接口，降低存储费用的同时可以进行横向扩展，在高并发环境中提升数据访问响应水平，符合数据的各方面存储要求。各类数据的存储方式如图 2-5 所示。

大数据平台提供针对流数据、实时信息以及批数据的操作流程。流数据主要利用 Kafka、Flume 等消息日志处理对接到对应的操作平台，且面向计算结果集开展后续的统计研究；实时数据对接实时数据在线操作平台，利用在线数据操作平台及时进行响应，且做出正确的读写请求；批数据利用信息抽取、同步、传播等进入到核心渠道开展信息存储研究。不同类型的信息流向如图 2-6 所示。

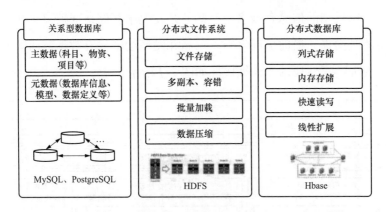

图 2-5 各类数据的存储方式

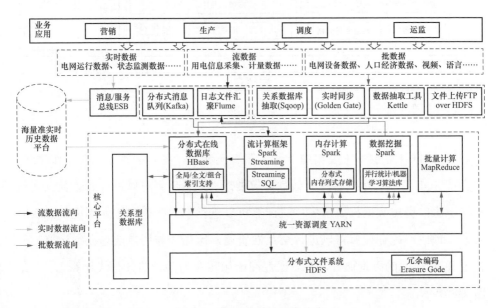

图 2-6 不同类型的信息流向

（2）数据整合。

1）数据整合层：全面结合实时数据分布式消息内容、数据/服务总线，信息抽取、坚持实时更新、日志资料集中、资料上传 FTP 等功能，完成异构信息的高效对接，架构分布式信息整合功能，体现出定时/实时信息采集操作功能，完成从数据源到信息储存的配置开发、环节监管。

2）数据存储层：使用关系数据库、分布式文件体系、在线数据库等相关方式，提升不同类型的信息存储水平，此外开发集中存储访问接口，在降低信息储存费用的时候提高横向扩展水平，在高并发环境中提升数据访问效率、达到大量信息的现实存储要求，详细情况如图 2-7 所示。

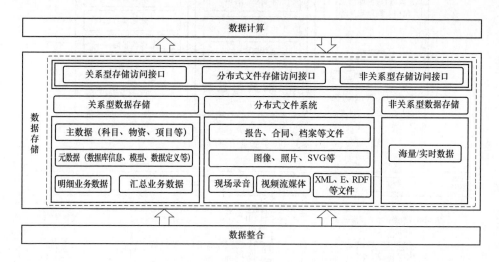

图 2-7　存储架构图

3）数据计算层：主要集中批量运算、流计算、内存运算等相关操作技术，且支持 SQL 查找，达到各种时效性运算要求。批量运算可以进行海量数据离线研究，比如历史数据报表研究；流计算可以进行高效操作，比如用电信息实时研究、预估；内存计算可以进行交互性研究，比如全省用电信息在线运算；具备与 SQL 相似的查询研究功能，把查询语句转变为并行的分布式计算工作，如图 2-8 所示。

4）数据分析层：具备 R 语言与 Mahout，建立分布式数据发掘算法库，提供建模设计软件，设计成熟的研究建模软件与运作引擎。此外，利用决策平台，健全研究模型，提高模型运作、发布水平，强化对大数据分布式运算的支持，达到实时、离线应用的研究发掘需求，为企业分析决策奠定基础，如图 2-9 所示。

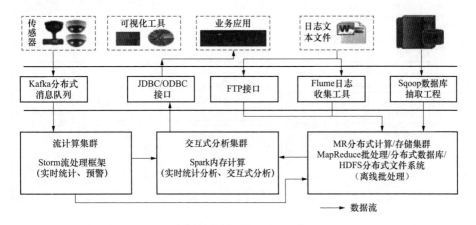

图 2-8 数据计算架构图

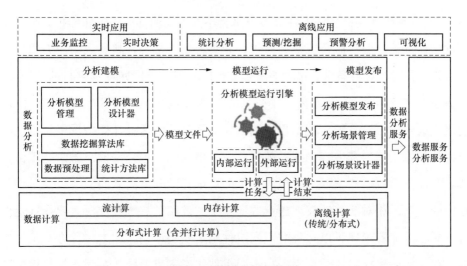

图 2-9 数据分析架构图

5）平台服务层：利用相同的平台服务接口层，建设成熟的服务中心，集中封装且支持存储业务、运算业务、研究业务、展现业务等。可以进行文件数据的高效访问，可以执行不同数据结构类型的 SQL 操作，可以利用 WebService 形式进入平台，具有可嵌入业务体系的大数据呈现组件。详细内容如图 2-10 所示。

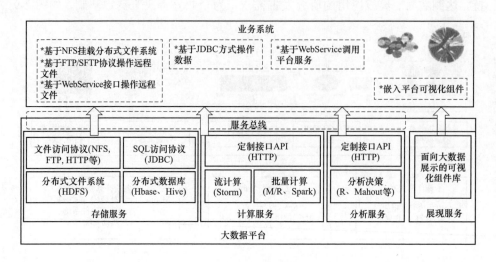

图 2-10　平台服务架构图

6）管理配置层：主要专注大数据平台不同方面的环境搭建和维护，重点是集群运作维护、服务监督、资源监督、异常告警等部分，将集成第三方组件作为重点。利用对集群条件，包含服务器 CPU、内存、互联网以及磁盘的使用率、健康条件进行监督，工作人员主要在 Web 可视化页面中开展管理与维修。此外，利用集成监控告警系统，根据指标测试完成报警，参考设计的警报级别以及对应阈值传输故障告警内容，通过邮件以及短信的形式把告警信息告知给工作人员。当前，系统监控主要参考提前制定的运维标准开展高效的监测以及呈现出相应的图表，相对清楚地表现出集群环境中的健康信息，且针对主要指标险情进行预告；配置管理可以对集群不同组件制定安装计划，通过多种方式确立参数，根据实际需求确定节点服务和不同组件的服务启停操作；任务管理集中监管与调度任务方案，可以进行任务结果追查与查找；日志管理可以把不同系统以及组件的运作日志集中起来，进行详细的划分、整合以及呈现，全面了解大数据应用的具体状况；服务管理针对平台具有的文件业务，数据业务、研究服务等开展集中监管，监督服务情况、执行结果，服务水平，详细内容如图 2-11所示。

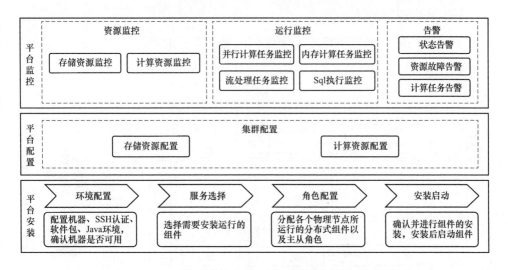

图 2-11 管理配置架构图

7）安全控制层：面向大数据确立的隐私维护、存储稳定、权限控制、避免外泄等风险并满足国家电网公司对数据信息提出的高标准，设计成熟的隐私保护制度，强化存储安全性。此外，设计大数据安全有关指标，从技术与规范两部分保证业务系统信息在不同平台以及应用时期的安全性，如图 2-12 所示。

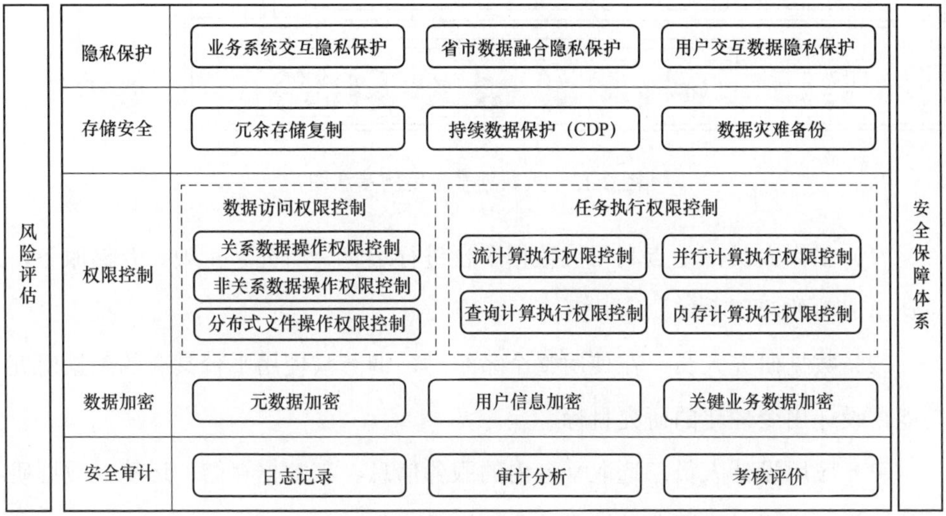

图 2-12 安全控制架构图

三、平台权限设计

参考各类用户的应用要求，平台可以提供不同的功能，主要划分为工作人员、数据研究人员、应用设计人员、运作管理人员等不同的类型，如图 2-13 所示。

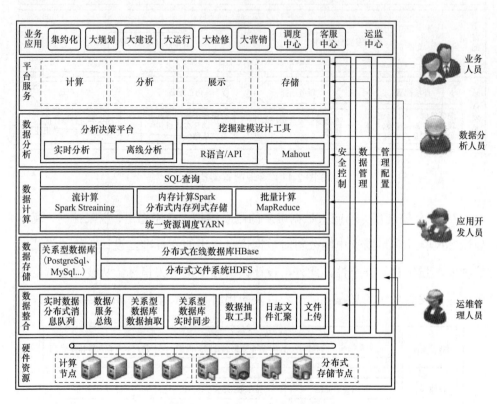

图 2-13　大数据平台用例示意图

（1）工作人员：重点利用大数据平台进行运算、研究、呈现、存储服务，设计出成熟的应用系统。

（2）数据研究人员：在使用整个系统时，调节与使用平台具有的数据研究功能，设计出个性化的研究目标。

（3）应用设计人员：选取平台内的服务信息，和数据存储、运算、数据研究等操作，实现对不同业务情景的系统设计工作。

（4）运作管理人员：使用大数据平台安全管理以及配置服务，完成整个系统的日常维护以及数据维护工作。

四、关键技术实现

（一）关系数据与分布式存储同步技术

大数据平台内的数据一般使用分布式存储方式完成储存，数据一般源自企业目前建立的数据库以及仓库。在数据传送时期，不只要确保信息可以在关系型数据库以及分布式存储两者间进行顺利传送，此外也要确保海量信息的传送和流转速度，不能阻碍业务系统的顺利运作。其中以往的 ETL 抽取软件通常是在关系型数据库、文件、服务等不同数据源间进行同步更新，无法在关系型数据库和分布式存储两者间进行更新。所以要求使用以上同步更新方式确保在不同存储体系下的信息双向更新。

同步更新技术是指把关系型数据库的信息选取到分布式存储中，此外也可以反过来进行。

（二）文件采集和处理技术

平台内的数据不只源自传统的数据机构、数据仓库，此外也源自以往不能正常处理的不同类型的文件，比如系统日志、信息交换资料、实地调查照片、远程监视信息等。以上文件信息的结构含糊、变化复杂，规模庞大。利用大数据平台的分布式存储有助于减少整体费用，另外将数据信息转变为不同类型的内容，将其存储到平台中。

以往的文件采集通常利用不同类型的定制化脚本或者 syslog 等集中加工，会遇到单点问题，无法轻易管理。所以要求文件采集和处理技术妥善解决信息传输时期的效率和安全问题，确保整个系统的顺利使用。

（三）实时数据采集技术

在电力产业崛起的时候，电力系统的安全性以及电能质量开始得到各界人士的重视，提出了更加严格的监控标准，信息实时采集是目前发展的重要阻碍，怎样开展高效、安全的数据采集与操作，则是目前必须处理的现实问题。

电力系统内传感器等基础设施形成的数据量较多，且出现较大的变化，因此对时效性提出较高的要求，重点是对分布式实时信息开展同步更新，及时进行处理研究。

参考实时数据的接入形式选择对应的技术路线。第一，根据当前的大量实时数据中心进行信息导入，第二，传感器实时数据全部对接到平台。以上方式都存在较大的问题，主要是实时数据规模庞大，不能迅速地储存到平台内，需要提前处理实时数据，在深入研究之后储存具有意义与作用的数据。

（四）分布式文件系统

大数据平台内部信息，不只包含原本的结构化信息，也包含大量规模（PB等级）的非结构性、半结构性信息内容。针对以上不同类型的数据存储工作，以往的集中式、阵列式存储方式不能全面满足其需求，在扩容方面存在一定的缺点，安全性以及反复使用方面也有所不足。分布式文件系统的使用，有助于处理大量数据储存问题，其具有的全分布式架构、数据块粒度切分、线上容量扩充、复制备份和一般 PC 硬件适用性等重要技术，支持安全的 PB 级别的数据在线存储，确保安全、低费用、可随意扩张的大数据存储变成现实。

分布式文件系统主要是以客户机/服务器模式为基础,管理物理资源并非全部对接到本地节点上，主要是利用计算机网络和节点联系。分布式文件系统体现为文件信息储存在零散的低费用介质上，对外建立集中的访问接口，体现出较强的容错性。

（五）列式存储数据库

针对当前平台内的大量信息资源，数据的高效查找和审核，则是信息深入发掘与应用的前提。行业内典型的分布式文件系统带来多种储存方式，其中列式存储数据库可以储存海量数据，且效率高，便于查询。和以往的行式存储有所差异，列式方式可以避免信息查找和物化视图，降低时间代价，减小存储占用面积，另外具有列存储特点，每列独立摆放，信息就是索引，只查找与之相关的列，有助于减少系统 I/O，每列都安排对应的线进行处理，另外因为数据类型相同，具有相同的特点，因此有助于轻松压缩，尤其是在海量数据查找方面，可以解决平台内的数据高效检索问题。

此类数据库主要将列有关存储架构当作存放信息的基础，通常应用在海量数据处理以及高效查询方面。

（六）行式存储数据库

行式存储数据库凭借独特的小批量数据加工作用，逻辑性突出以及成熟的 SQL 类接口功能，应用在结构化数据储存方面。此类数据库有助于处理平台内存在的问题，而面向固定情景的、固定数据结构的键值、实时、内存等数据库，平台可以及时解决不同类型的数据储存问题，为不同场景、不同类型的数据高级应用提供帮助。

此类数据库主要将行有关的存储体系结构划分为不同的空间，重点应用在少量数据处理工作中，一般应用在联机事务型信息加工。当前，大部分软件属于传统行式数据库类型，因此符合海量信息储存、高效查询读取的行式数据库主要是下述几类。

（1）分布式关系型数据库。一般采用规模不大的计算机系统，不同计算机内都储存了数据库的副本，且建立了独立的局部数据库，处于不同地区的大量计算机利用网络建立联系，创建为成熟且规模庞大的数据库。

（2）键值数据库。主要将 Key/Value 模型当作框架，重点采用哈希表，该表提供特殊的键以及指针导向特殊的数据。此类数据库主要应用在性能齐全的半结构化数据查找情境。

（3）实时数据库。主要开发具备时间序列特点的数据库管理系统，在时效性较强的高频次采集数据工作中具有较高的效率、查找速度快，数据压缩比较低。另外也可以进行实时信息查找与储存。

（4）内存数据库。把结构化数据储存到内存中，开展后续处理，和硬盘进行比较，内存的数据读写效率明显更高，在一定程度上增强了应用效率。内存数据主要应用在高性能查询研究情境中。

（七）非结构化平台自研内容管理组件

自研元数据管理组件的主要观念是完成契合平台真实需求的文件和元数据监管目标，在结构方面更为灵活和自主，体现出突出的优势。此外，因为元数据管理组件要取代当前平台依靠的 EMC Documentum 产品，因此在功能方面留存 Documentum 具有的大部分功能，比如权限监管等。整合以上因素可知，此方面也牵扯到多个关键内容。

1. 文件路径和权限缓存支撑组件开发

在整个平台的文件、元数据传送时期，最长路径上一般包含两个环节：文件流的传送，文件路径的获取（存储）和文件有关权限的核对。当前，文件路径和权限缓存支持组件则是完成高效（毫秒等级）存储和校验的重点键。

为全面达到文件传输时的高并发（峰值超过 1000 并发）、低延迟（大部分请求不超过 10ms 完成）的文件路径和权限的读写任务，且储存全部的文件目录内容，权限检验内容，方案要达到下述四部分设计标准。

（1）高可用性。路径和权限缓存支持组件是文件传送时的重要设备，因此要带来高可用服务，保证不存在任何问题。

（2）可水平延伸。在业务支撑能力持续提高之后，支持大量文件传输过程申请，假如不能保证水平延伸，此时就会变成未来平台转型扩张的阻碍。

（3）可以带来高并发、低延迟（毫秒级别）的文件定位功能。为保证高并发的访问，需要在架构上让全部（或大多数）文件路径和权限检验结果留存在内存中。

（4）持久性。数据需要保持一定的时间，也就是非易失性存储，比如本地磁盘。不仅要确保数据安全，此外在发生停机修理等问题的时候，再次启动之后也要尽快把信息更新到内存中。

遵守以上设计标准，重点内容如图 2-14 所示。

在以上设计中，为全面达到标准，使用键值数据库（KVDB）当作权限和路径数据的重点，且利用分布式调节中间件供应的集中命名服务，确保高可用以及水平延伸等功能。

2. 认证和授权机制开发

认证和授权功能则是元数据管理组件具有的主要辅助业务，为文件和元数据服务带来重要的认证授权业务。在元数据管理组件方面的认证与授权开发要重视下述问题：某请求能不能获得/写入元数据；某请求能不能访问某文件；某请求拥有的访问权限具体都是什么（只读/可写/更新/删除）。

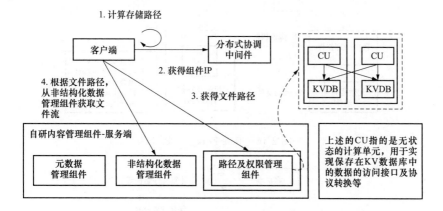

图 2-14　支撑组件设计图

此外，在资料上传、下载等环节，权限认证服务会存在高并发、多次调用，认证作用也是开发时必须重视的内容。

基于以上问题，开发权限体系的主要结构如图 2-15 所示。

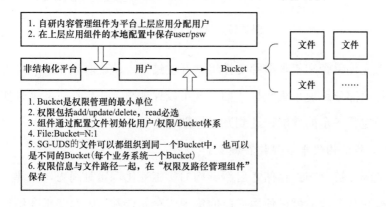

图 2-15　权限体系结构图

以整个权限体系结构为基础，详细划分文件下载时期的认证和授权环节，详细内容如图 2-16 所示。

文件传输时期的认证和授权环节如图 2-17 所示。

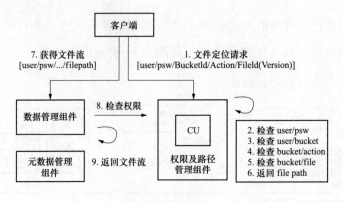

图 2-16 认证授权设计图 1

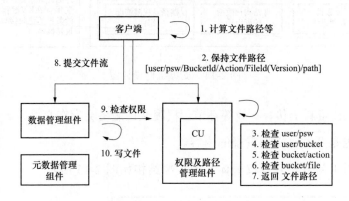

图 2-17 认证授权设计图 2

参考文件路径和权限缓存支撑组件开发结果，认证时期主要从文件路径和权限组件两部分迅速采集数据，如此就可以保证整个平台在供应文件服务的时候具有稳定且齐全的性能，达到开发标准。

（八）非结构化平台异构存储支持

思考到支持分布式存储之后新结构的实施变化，短时间内，天津企业不同业务系统和平台依旧可以使用当前的集中式存储资源，因此要求非结构化平台具备集中和分布式存储功能。下述是以元数据管理组件为基础的支持计划：由元数据管理组件的客户端保障存储方案（方案储存在分布式协调中间件上，便于客户端进行相应的筹划与安排），在文件传输的时候，基于业务系统来源等内容，确定文件归属方案，明确文件储存的具体方位。

针对不同文件需要调查其归集的具体目标（集中式或者是分布式），因此要搭配路径和权限管理组件才可以完成，思考怎样在高并发时期完成高效的数据归属判断工作，异构存储设计图如图 2-18 所示。

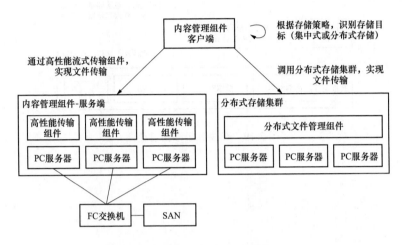

图 2-18 异构存储设计图

（九）非结构化平台在线分级存储支持

为科学且高效的采用不同类型的存储模式，在不同等级的存储中放置对应的信息内容，要完成在线按照策略分级存放，也就是利用相应的策略（比如根据数据来源系统的关键性），线上判定数据级别，且划分到不同的存储（高端集中式或者廉价分布式两类），最终完成存储资源的科学使用，进一步减少存储费用，重点如下。

（1）把各个级别的存储确定为对应的级别，比如高端以及中端等不同类型。

（2）配置分级存储方式，比如参考各种文件来源业务系统，或者多种文件类型，选择合适的级别进行存放。

（3）元数据管理组件的客户端维护无状态的策略运算环节，在得到上传请求之后，开展后续的运算工作。

为全面满足分级存储需求，要求不同组件彼此合作，科学使用分布式协调、消息中间件，核心流程如图 2-19 所示。

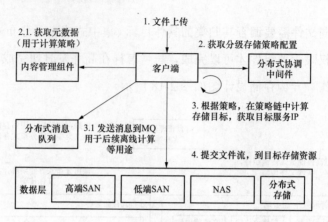

图 2-19　在线分级存储设计图

第三章　电力大数据基础设施安全

第一节　大数据与云计算技术

从技术上看,大数据与云计算的关系就像一枚硬币的正反面一样密不可分。大数据必然无法用单台的计算机进行处理,必须采用分布式计算架构。它的优势在于对海量数据的挖掘,但它必须依托云计算的分布式处理、分布式数据库、云存储和虚拟化技术。

一、云计算的特征

1. 资源配置动态化

根据消费者的需求动态划分或释放不同的物理和虚拟资源,当增加一个需求时,可通过增加可用的资源进行匹配,实现资源的快速弹性提供;如果用户不再使用这部分资源时,可释放这些资源。云计算为客户提供的这种能力是无限的,实现了 IT 资源利用的可扩展性。

2. 需求服务自助化

云计算为客户提供自助化的资源服务,用户无须同提供商交互就可自动得到自助的计算资源能力。同时云系统为客户提供一定的应用服务目录,客户可采用自助方式选择满足自身需求的服务项目和内容。

3. 以网络为中心

云计算的组件和整体构架由网络连接在一起并存在于网络中,同时通过网络向用户提供服务。而客户可借助不同的终端设备,通过标准的应用实现对网络的访问,从而使得云计算的服务无处不在。

4. 资源池的透明化

对云服务的提供者而言，各种底层资源（计算、储存、网络、资源逻辑等）的异构性（如果存在某种异构性）被屏蔽，边界被打破，所有的资源可以被统一管理和调度，成为所谓的"资源池"，从而为用户提供按需服务；对用户而言，这些资源是透明的，无限大的，用户无须了解内部结构，只关心自己的需求是否得到满足即可。

二、大数据和云计算的关系

本质上，大数据与云计算的关系是静与动的关系；云计算强调的是计算，这是动的概念；而数据则是计算的对象，是静的概念。如果结合实际的应用，前者强调的是计算能力，或者看重的存储能力；但是这样说，并不意味着两个概念就如此泾渭分明。大数据需要处理大数据的能力（数据获取清洁、转换、统计等能力），其实就是强大的计算能力；另外，云计算的动也是相对而言，比如基础设施即服务中的存储设备提供的主要是数据存储能力，所以可谓是动中有静。如果数据是财富，那么大数据就是宝藏，而云计算就是挖掘和利用宝藏的利器。

1. 大数据技术和云计算的关系

大数据时代的超大数据体量和占相当比例的半结构化和非结构化数据的存在，已经超越了传统数据库的管理能力，大数据技术将是 IT 领域新一代的技术与架构，它将帮助人们存储管理好大数据并从大体量、高复杂的数据中提取价值，相关的技术、产品将不断涌现，将有可能开拓一个新的黄金时代。大数据本质也是数据，其关键的技术依然逃不脱大数据存储、管理与大数据检索使用（包括数据挖掘和智能分析）。

围绕大数据，一批新兴的数据挖掘、数据存储、数据处理与分析技术将不断涌现，使处理海量数据更加容易、更加便宜和迅速，成为企业业务经营的好助手，甚至可以改变许多行业的经营方式。

2. 大数据的商业模式与架构——云计算及其分布式结构是重要途径

大数据处理技术正在改变目前计算机的运行模式，正在改变着这个世界：

它能处理几乎各种类型的海量数据，无论是微博、文章、电子邮件、文档、音频、视频，还是其他形态的数据；它工作的速度快，实际上几乎实时；它具有普及性，因为它所用的都是最普通低成本的硬件，而云计算将计算任务分布在大量计算机构成的资源池上，使用户能够按需获取计算力、存储空间和信息服务。云计算及其技术给了人们廉价获取巨量计算和存储的能力，云计算分布式架构能够很好地支持大数据存储和处理需求。这样的低成本硬件＋低成本软件＋低成本运维，更加经济和实用，使得大数据处理和利用成为可能。

3. 大数据的存储和管理——云数据库的必然

很多人把 NoSQL，称作云数据库，因为其处理数据的模式完全是分布于各种低成本服务器和存储磁盘，因此它可以帮助网页和各种交互性应用快速处理过程中的海量数据。它采用分布式技术并结合了一系列技术，可以对海量数据进行实时分析，满足了大数据环境下一部分业务需求。但无法彻底解决大数据存储管理需求。云计算对关系型数据库的发展将产生巨大的影响，而绝大多数大型业务系统（如银行、证券交易等）、电子商务系统所使用的数据库还是基于关系型的数据库，随着云计算的大量应用，势必对这些系统的构建产生影响，进而影响整个业务系统及电子商务技术的发展和系统的运行模式。基于关系型数据库服务的云数据库产品将是云数据库的主要发展方向，云数据库（CloudDB）具备海量数据的并行处理能力和良好的可伸缩性等特性，支持在线分析处理（OLAP）和在线事务处理（OLTP），提供了超强性能的数据库云服务，并成为集群环境和云计算环境的理想平台。它是一个高度可扩展、安全和可容错的软件，客户能通过整合降低数据 I/O 成本，为提高所有应用程序的性能和实时性做出更好的业务决策服务。

云数据库需在以下几方面具备优势：

（1）海量数据处理：对类似搜索引擎和电信运营商级的经营分析系统这样大型的应用而言，需要能够处理 PB 级的数据，同时应对百万级的流量。

（2）大规模集群管理：分布式应用可以更加简单地部署、应用和管理。

（3）低延迟读写速度：快速的响应速度能够极大地提高用户的满意度。

71

（4）建设及运营成本：云计算应用的基本要求是希望在硬件成本、软件成本以及人力成本方面都有大幅度的降低。

所以云数据库必须采用一些支撑云环境的相关技术，比如数据节点动态伸缩与热插拔、对所有数据提供多个副本的故障检测与转移机制和容错机制、SN（Share nothing）体系结构、中心管理、节点对等处理实现连通各工作节点，就是连入了整个云系统与任务追踪、数据压缩技术以节省磁盘空间同时减少磁盘I/O 时间等。

云数据库路线是基于传统数据库不断升级并向云数据库应用靠拢，更好地适应云计算模式，如自动化资源配置管理、虚拟化支持以及高可扩展性等，才能在未来发挥不可估量的作用。

4. 云计算能为大数据带来的变化

首先，云计算为大数据提供了可以弹性扩展相对便宜的存储空间和计算资源，使得中小企业也可以像亚马孙一样通过云计算来完成大数据分析。

其次，云计算 IT 资源庞大，分布较为广泛，是异构系统较多的企业及时准确处理数据的有力方式，甚至是唯一方式。当然大数据要走向云计算还有赖于数据通信带宽的提高和云资源的建设，需要确保原始数据能迁移到云环境以及资源池可以随需弹性扩展。数据分析集逐步扩大，企业级数据仓库将成为主流，未来还将逐步纳入行业数据、政府公开数据等多来源数据。

大数据让数据真正成为集合，云计算则为大数据开启价值。大数据必须依赖云计算，大数据基础设施安全即是云计算基础设施的安全。

第二节　网络层面的基础设施安全

在探讨电力网络层面的基础设施安全时，就很有必要区分公共云和私有云。就私有云而言，信息安全工作人员不需要考虑这种新模式所带来的新攻击、新漏洞或者与特定拓扑结构相关的风险变化。虽然机构的 IT 架构随着私有云的实施可能会发生变化，但网络拓扑不会有明显的改变。如果已经部署了专用的外联网（例如为优质客户或者战略合作伙伴），那么从实际用途上看是已经建立了用于私有云的网络拓扑。在安全方面的考虑如今也同样适用于私有云基础设施。已经部署（或者应该部署）的安全工具，也是私有云所需要的，在运行时是一样的。

然而，当选择了使用公共云服务，如果安全需求发生变化就需要改变网络拓扑。必须解决已存在的网络拓扑如何与云计算服务提供商的网络拓扑相协助的问题。这种用例包括四点重大的风险因素。

（1）确保机构在公共云提供商处传输数据的保密性及完整性。

（2）确保在公共云提供商处的所有资源都有适当的访问控制（认证、授权和审计）。

（3）在机构所使用的公共云或者公共云提供商分配给机构的公共云中，确保面向互联网资源的可用性。

（4）用域模式替换已有的网络区域及层面。

一、确保电力数据的保密性和完整性

原来局限在私有网络的资源和数据现在暴露在互联网上，并且这些资源和数据放到了第三方云计算提供商所有的共享公共网络上。

与第一个风险因素相关的例子是 2008 年 12 月报道的亚马孙 Web 服务（AWS）漏洞。在一篇博客文章中，作者详细说明了在数字签名算法中的个漏洞，"通过 HTTP（Hyper Text Transfer Protocol，超文本传输协议）对亚马孙 SimpleDB 数据库（AmazonSimpleDB）、亚马孙弹性计算云（Amazon Elastic Compute Cloud，EC2）或亚马孙简单队列服务（Amazon Simple Queue Service，sQs）执行查询（Query，又称 REST）请求。"尽管采用 HTTPS（代替 HTP）可能会降低完整性风险，但是不使用 HTPS（却使用 HTTP）的用户却面临着越来越大的风险，他们的数据可能在传输中被莫名其妙地修改。

二、确保适当的访问控制

由于资源的一部分（也可能是资源的全部）暴露在互联网上，公共云使用机构的数据将面临日益增长的风险。对云计算提供商的网络运行进行审计（更不用说基于自身网络进行实时监控）基本上是不太可能的，哪怕是事后审计也很困难。能够获取的网络层面的日志和数据不多，而且全面进行调查并收集取证数据的能力也是相当有限的。

与第二个风险因素相关的例子是 IP 地址再使用（再分配）的问题。一般来说，当电力用户不再需要已分配的 IP 地址时，云计算提供商不再保留电力用户的 IP 地址。当地址变为可用后，地址通常再分配给其他用户使用。从云计算提供商的角度看，这么做是有道理的。IP 地址数量有限，同时也是收费的资源。然而从用户安全的角度出发，IP 地址再分配使用可能会带来问题。用户无法确信他们对资源的网络访问能随着 IP 地址的释放一并终止，从 DNS 中的 IP 地址改变到 DNS 缓存清理，这之间显然存在一段时间延迟。从 ARP 表中改变物理地址（例如 MAC）到将 ARP 地址从缓存中清除也会有一定的滞后时间，因此在老的地址被清除之前，还是会一直存在于 ARP 缓存中。这意味着即使地址可能已经变化，原先的地址在缓存中依旧有效，因此用户还是可以访问到那些理应不存在的资源。有最大的云计算提供商之一接到了许多与未失效 PP 地址相关的问题报告案例。这极有可能是 2008 年 3 月亚马孙网络极力宣扬其弹性 IP 地址能力的一个推动因素。（使用弹性 IP 地址，分配给用户 5 个可路由的地址，而这些地址由用户控制分派。）此外，根据 Simson garfinkel 表述：现有负载均衡系统中存在一个问题导致任何超过 2 字节内容的 TCP/IP 连接都会终止。这就意味着超过 2GB 的目标内容必须在亚马孙简单存储服务中分几次执行，每次执行都对应着相同目标内容的不同字节区域。

然而，未失效 IP 地址以及对资源的未授权网络访问等问题并不仅仅出现在可路由的 IP 地址上（例如那些提供互联网直接访问的资源）。这个问题也存在于提供商为用户提供的内部网络以及非可路由 IP 地址的分配上。虽然资源可能无法通过互联网直接获得，但出于管理的目的，这些资源必须通过专用地址在提供商网络上进行访问（每个公共的或者面向互联网的资源都有其私有地址）。云计算提供商的其他用户有可能从内部通过云计算提供商的网络获得资源，虽然他们未必会故意这么做。正如在《华盛顿邮报》中报道的，亚马孙 Web 服务存在着对其资源滥用的问题，危及公众及其他用户。

市面上的一些产品可以帮助减轻 IP 地址再使用的问题，但除非云计算提供商把这些产品作为服务提供给用户，否则用户将不得不寻求第三方的产品并支付费用，以解决由云计算提供商所带来的问题。

三、确保面向互联网资源的可用性

越来越多的数据以及越来越多的机构人员都依赖外部托管以确保云计算提供的资源的可用性，人们对网络安全的依赖程度在逐渐上升。因此机构一定可以接受在之前叙述中列举的三个风险因素。

BGP（边界网关协议）前缀劫持（例如对网络层可达信息的篡改）为第三个风险因素提供了很好的示例。前缀劫持包括在未经他人允许的情况下通报属于他人的自治系统地址空间。这样的通报常常是由于配置错误而产生的，但这些错误的配置可能仍然影响基于云计算的资源的可用性。根据在 2006 年 2 月提交给北美网络运营商集团（NANOG）的一份研究显示，这种配置错误每个月会发生数百次。这种错误配置最出名的实例是在 2008 年 2 月发生的。当时巴基斯坦电信公司由于操作失误，把 You Tube 假路由通报给其位于中国香港的 PCCW 电信合作伙伴。由于网站上有据称亵渎的视频，YouTube 在巴基斯坦是被封锁的。这次事件直接导致 You Tube 在全球范围内长达两个小时无法使用。

除了配置错误，还有其他的蓄意攻击。虽然出于蓄意攻击的前缀劫持情况远少于配置错误，但这种问题还是会产生，并阻碍对数据的访问。根据提交给 NANGO 的一份研究报告显示，这种前缀劫持攻击每月出现的次数在 100 次以内。虽然这种攻击并不新颖，但无疑会随着云计算的广泛使用而增多，也有可能变得十分普遍。随着云计算使用的增长，基于云计算的资源可用性对用户的价值也在逐渐增长。这种对用户不断增长的价值也导致了恶意行为不断增长的风险，给这些资源的可用性带来了巨大的威胁。

DNS 攻击也是与第三个风险因素相关的例子。事实上，与云计算相关的 DNS 攻击有若干种形式。虽然 DNS 攻击并不新颖也不直接与云计算相关，但是由于不断增加的外部 DNS 查询（减少了"水平分割"DNS 配置的影响）以及越来越多的机构人员愈加依赖网络安全以确保其使用的基于云计算的资源的可用性，导致在网络层面上 DNS 和云计算的问题对于机构的风险也在逐步上升。

虽然在 2008 年绝大多数网络安全的关注集中在 Kaminsky bug（CVE-2008-1447 中"DNS Insufficient Socket Entropy Vulnerability"）上，但其他的 DNS 问题也同样影响云计算。DNS 协议和 DNS 的实施过程中存在着漏洞，DNS 缓存中毒攻击也十分普遍，这种攻击欺骗 DNS 服务器接受错误的信息。虽然很多人认为 DNS 缓存中毒攻击在几年前就已经平息，但事实并非如此，这些攻击如今仍然是个大问题，尤其是在云计算领域内。基本的缓存中毒攻击的变体包括重定向目标域名服务器（NS），将域名服务器记录重定向到其他的目标域，并在真正的域名服务器之前进行响应（称之为动态域名服务器伪造）。

与第三个风险因素相关的最后一个例子是拒绝服务（DoS）攻击和分布式拒绝服务（DDoS）攻击。同样地，虽然 DoS/DDoS 攻击并不新颖并且与云计算没有直接的联系，但由于机构网络外部资源使用的增加，在网络层面上这些攻击和云计算的问题对机构的风险也在逐步上升。例如，在亚马孙 Web 服务上关于持续 DDoS 攻击的消息不断，使得这些服务曾一度中断几小时无法供用户使用（亚马孙并没有承认其服务中断是由 DDoS 攻击所导致）。

然而，当使用基础设施即服务（IaaS）时，DDoS 攻击的风险就不仅仅存在于外部（例如面向互联网）了。通过 IaaS 提供商的网络供用户（分散于 IaaS 供应商的企业网络）使用的部分中也存在着内部 DDoS 攻击。内部（不可路由的）网络是分享的资源，用户可以借此访问其非公众事务（例如 Amazon Machine Image，AMI），并通过提供商对其网络和资源（如物理服务器）进行管理。如果存在不守规矩的用户，没有任何机制可以阻止其通过访问这个内部网络来查找或者攻击其他用户，抑或攻击 IaaS 提供商的基础设施，而且供应商也很可能没有部署任何侦查控制手段，更不用说针对此类攻击向用户预警。其他用户唯一能做的预防措施只有加固他们的事务（如 AMI），并使用提供商的防火墙功能（如亚马孙 Web 服务）增强业务的安全性。

四、用域替换已建立的网络区域及层面模型

在基础设施即服务（IaaS）和平台即服务（PaaS）中，已有的网络区域及

层面不再存在。这些年来，网络安全往往依赖于域进行构建，例如内联网与外联网，开发与生产，为了改善安全隔离网络流量等。这种模式是基于排他性的，只有具有特定角色的个人和系统才可以访问特定的区域。类似地，特定层面内的系统往往只可以访问特定层面。例如，表示层的系统不允许直接与数据库层的系统进行通信，而只能与在应用域内授权的系统进行通信。建立在公共 IaaS 和 PaaS 上的软件即服务（SaaS）云计算也有类似的特征。然而，在私有 IaaS 上建立的公共 SaaS（例如 Salesforce. com）可按照传统的隔离模式，但通常不与用户分享拓扑信息。

典型的网络区域及层面模式在公共云计算中被"安全组"、"安全域"或者"虚拟数据中心"所取代，新的模式在层与层之间有逻辑隔离，但在精确性以及提供的保护方面不如早先的模式。例如，亚马孙云计算中安全组特性允许虚拟机（VM）通过虚拟防火墙相互访问，虚拟防火墙具有基于 IP 地址（特定的地址或子网）、数据包类型（TCP UDP 或者 ICMP）以及端口（或者端口范围）进行流量过滤的功能。域名现在广泛应用于各种网络环境中，实现基于 DNS 的特定应用命名和寻址的目的，例如 Google 的 App Engine 基于域名对应用程序进行了逻辑分组，如 mytestapp.test.mydomain.com 及 myprodapp prod mydomain com。

在网络区域及层面的已有模式中，不仅仅开发系统逻辑上与生产系统在网络层面上相隔离，这两个系统在主机层面上也是物理隔离的。然而在云计算中，这种隔离不复存在。在基于域分割的云计算模型中，只为寻址提供了逻辑隔离。由于测试域和生产域很可能刚好在同一个物理服务器上，于是不再有任何物理隔离的需要。此外，早先的逻辑网络隔离也不复存在；现在的测试域和生产域在主机层面上同时运行在相同的物理服务器上，只靠 VM 监控（管理程序）实现逻辑隔离。

五、网络层减灾

基于前面部分对风险因素的讨论，电力企业可以做些什么以降低这些不断增长的风险因素呢？首先要注意到，网络层面风险的存在与电力行业使用哪方面的云计算服务是无关的。因此，等级的确定并不取决于使用哪种服务，而是取决于电力行业是否打算或者正在使用公共云、私有云还是混合云。虽然有些 IaaS 云计算提供虚拟的网络域，但还是无法与内部私有云计算环境相比的，后者可以执行全面的状态监视以及其他网络安全监测。

电力行业足够大以至于可以承担私有云计算所需的资源开销，可以在网络内部使用真正的私有云，所面临的风险会大大降低。在某些情况下，位于云计算提供商处的私有云可以帮助客户满足安全需求，但这也取决于提供商的能力和成熟度。

电力行业可以通过加密降低安全方面的风险，尤其对传输中的数据进行有效的加密。安全数字签名可以大大增加他人篡改数据的难度，这样就保证了数据的完整性。

云计算在网络层的可用性风险是很难降低的，除非电力行业在网络拓扑内部使用私有云。即使私有云是在云计算提供商设施内的私有（非共享的）外部网络，在网络层面上也会面临不断增加的风险，公共云则会面临更大的风险。

即使是有丰富资源的电力企业在网络层面的基础设施安全方面也面临着相当大的挑战。云计算相关风险实际上是不是比当前企业面临的风险要大呢？当在这方面进行比较时，需要考虑现存的私有和公共的外联网，同时也需要把合作伙伴的关系考虑进来。对那些没有丰富资源的大企业，或者是中小企业（SMB），使用公共云的风险（假定这些企业缺乏建立私有云所需的资源）是否真的高于这些企业目前基础设施中所存在的风险呢？在很多情况下，答案也许是否定的，云计算其实并不会带来更高的风险。

表 3-1 列出了在网络层面的安全控制。

表 3-1 网络层面的安全控制

条目	内容
威胁程度	低（DoS 攻击例外）
预防手段	由提供商提供的网络访问控制（如防火墙），传输数据的加密（如 SSL，IPSec）
监测手段	由提供商管理的安全事件日志的集合（安全事故和事件管理，SIEM），基于网络入侵检测系统/入侵防御系统（IDS/IPS）

第三节 主机层面的基础设施安全

当审视主机安全和评估风险时，需要考虑的是云计算的交付模式（SaaS、PaaS 及 IaaS）以及部署模式（公共云、私有云及混合云）。尽管目前并没有发现专门针对特定云计算主机的新威胁，但是一些虚拟化方面的安全威胁还是被带入了公共云计算环境中，例如虚拟机（VM）逃逸、系统设置偏离和由于管理程序的弱访问控制造成的内部威胁等。从安全管理角度来看，云计算的动态本性（弹性）给运营方面带来了新的挑战。新的运营模式要求实现虚拟机实例的快速配置和动态迁移，由于变化速率远高于传统的数据中心，因此管理漏洞和补丁变得远比运行一次扫描困难得多。

此外，云计算控制着成千上万个计算主机节点，而这些主机通常采用相同的操作系统，这意味着风险很容易被快速的放大，这称为云计算中的"高速攻击"。更重要的是，需要理解信任边界，并承担起保障电力行业管理的主机基础设施安全的责任，并且对于本应由供应商管理的那部分主机基础设施的安全性，同样也要承担与供应商相同的责任。

一、SaaS 和 PaaS 的主机安全

一般来说，云计算服务提供商不会公开与他们的主机平台、主机操作系统以及保障主机安全的流程等相关的信息，因为黑客可以利用这些信息侵入到云计算服务中。因此，在 SaaS（如 Salesforce.com 和 Workday.com）和 PaaS（如GoogleAppEngine 和 Salesforce.com 的 Force.com）的云计算服务范围内，对于用户而言主机安全变得很模糊，而保障主机安全的责任则被转移到云计算服务提供商。为了得到云计算服务提供商的安全保证，电力行业应当要求提供商在签署保密协议（NDA）的情况下分享相关信息，或者要求云计算服务提供商通过例如 Sys Trust 或者 ISO27002 这样的控制评估框架分享相关信息。从控制保证的角度来看，云计算服务提供商必须确保建立起合适的预防和监测手段，必须确保这些手段符合第三方评估或者 ISO27002 类型评估框架的要求。

由于虚拟化是提高主机硬件利用率的重要因素，因此云计算服务提供商普遍在主机计算平台架构上采用包括虚拟化平台在内的各种技术，其中虚拟化平台主要包括 Xen 和 VMware 管理程序。需要了解提供商是如何使用虚拟化技术的，以及服务商保障虚拟层安全的流程。

PaaS 和 SaaS 平台对终端用户都通过主机抽象层实现主机操作系统的抽象和隐藏。PaaS 与 SaaS 平台的显著不同在于对抽象层的访问能力，这种抽象层用于将应用程序所使用的操作系统服务隐藏起来。在 SaaS 的情况下，抽象层对用户不可见，只对开发者和云计算服务提供商操作人员可见，而 PaaS 用户可以通过 PaaS 应用程序接口（API）间接访问到主机抽象层并反过来与主机抽象层进行交互。简单地说，SaaS 或 PaaS 用户，依靠云计算服务提供商提供安全的主机平台，在这个平台上由用户以及云计算服务提供商各自开发和部署 SaaS 或 PaaS 应用程序。

综上所述，SaaS 和 PaaS 服务的主机安全责任都转移给了云计算服务提供商。从安全管理和费用的角度来看，这样做带来了很大的好处，它使用户无须担忧来自基于主机的安全威胁。然而用户还是面临管理云计算服务中的信息的风险，因此有责任就管理主机安全方面，向云计算服务提供商取得适当程度的保证。

二、IaaS 的主机安全

与 PaaS 和 SaaS 不同，IaaS 用户对保证云计算主机安全负有主要责任。由于如今几乎所有 IaaS 服务都是通过在主机层使用虚拟化实现的，IaaS 的主机安全可分为以下两点。

1. 虚拟化软件安全

软件层位于裸机之上并提供用户创建和删除虚拟化实例的能力。主机层的虚拟化可通过使用任何虚拟化模式来实现，包括操作系统级虚拟化（SolarIs container、BSDjail、Linux-VServer）、半虚拟化（硬件版本与 Xen 和 VMware 版本的结合）或者基于硬件的虚拟化（Xen、VMware、Microsoft Hyper-V）。保障位于硬件和虚拟服务器之间的软件层的安全性是很重要的。在公共 IaaS 服务中，用户无法访问软件层，只有云计算服务提供商可以管理软件层。

2. 用户的客户操作系统或虚拟服务器的安全

操作系统的虚拟化实例是在虚拟化层面之上提供的，用户可以通过互联网看到这些虚拟化实例，例如各种类型的 Linux、Microsoft 和 Solaris 系统。用户对虚拟服务器具有完全访问权限。

三、虚拟化软件安全

由于云计算服务提供商管理位于硬件之上的虚拟化软件，用户无法看到并访问虚拟化软件。硬件和操作系统虚拟化实现在多个客户虚拟机之间共享硬件资源而不会彼此干扰，这样就可以在一台计算机上同时安全运行多个操作系统和应用程序。出于简化的目的，假设虚拟化软件正在使用"裸机管理程序"技术（也称为 1 类管理程序），例如 VMware ESX、Xen、Oracle VM 和 Microsoft 的 Hyper-v。这些管理程序支持一系列的客户操作系统，包括 Microsoft Windows、各种类型的 Linux 以及 Sun 的 Open Solaris 鉴于管理程序虚拟化是保证在多用户环境下客户虚拟机彼此分隔隔离的基本要素，保护管理程序不被未授权用户访问是非常重要的。在虚拟化安全领域，黑客和防御者（云计算服务提供商）之间新的较量早已开始。由于虚拟化对 IaaS 云计算基础设施十分关键，任何危及这些隔离单元的完整性的攻击都将对云计算上所有用户造成灾难性后果。近期一个叫作 Vasey.com 的英国小公司发生的事件就充分体现了对管理程序安全的威胁。通过利用由 Lxlabs 公司制作的虚拟化应用程序 Hyper VM 的一个 0day 漏洞，黑客破坏了 Vasey.com 所管理的 10 万个网站。0day 漏洞给予黑客在系统上执行敏感 Unix 命令的能力，这些命令包括 rm-rf，这个命令可删除所有文件。很显然，在被黑客侵入前的几天，一个匿名用户在名为 milwOrm 的黑客网站上公布了长串 Koxo 系统未修复的漏洞名单，而 Koxo 是一个集成到 HyperVM 的主机控制面板。更糟糕的是，差不多一半的 Vasey 用户签署的是非托管服务，这种服务是不包含数据备份的。无法知道那些网站的拥有者还是否有可能恢复他们丢失的数据。

云计算服务提供商应当建立必要的安全控制，包括限制对管理程序及其他虚拟化层面的物理和逻辑方面的访问。IaaS 用户应当理解相关技术及云计算服务提供商制定的安全控制流程，以保护管理程序。这对了解当前状况与主机的安全标准、政策、法规的符合性以及所存在的差距很有帮助。然而，一般来说，云计算服务提供商在这方面往往缺乏透明度，除了相信云计算服务提供商所声称的"隔离并安全的虚拟化客户操作系统"外，可能没有其他办法了。

管理程序的威胁：管理程序的完整性和可用性是最重要的方面，也是保证建立在虚拟环境上的云计算完整性和可用性的重要因素。

一个脆弱的管理程序会将全部用户的域名暴露给有恶意企图的内部人员，而且这样的管理程序很容易受到破坏性攻击的影响。为了阐明虚拟层的漏洞，一些安全研究团队成员展示了对管理程序的"蓝色药丸"攻击。在 Black hat2008 和 Black hat Dc2009 会议上，来自 Invisible Things lab 的 Joanna Rutkowska. Alexander Tereshkin 和 Rafal Wojtczuk 展示了数种使 xen 虚拟化陷入危机的方法。尽管 Rutkowska 和她的团队找到了 Xen 在实现方面所存在的问题，但大体上他们对于 Xen 所使用的方法还是相当肯定的。但他们的演示的确表明了保护虚拟化系统安全的复杂性，同时也表明了需要采用新的方法保护管理程序不受类似攻击。

由于公共云中虚拟化的层面绝大部分是专有而封闭的源代码（虽然有的是使用开源的虚拟化软件如 Xen 的衍生品），安全研究团体无法获得以及仔细检查云计算服务提供商使用的软件源代码。

四、虚拟服务器的安全

IaaS 的用户有访问虚拟化客户虚拟机的所有权限，这些虚拟机通过管理程序实现彼此隔离。因此客户需要负责保护和维持客户虚拟机的安全管理。公共 IaaS 如亚马孙弹性计算云（EC2），提供 Web 服务的 API 用以实现管理功能，如 IaaS 平台上虚拟服务器的创建、删除以及复制。这些系统管理功能如果安排合理可以提供资源的弹性，即资源可以增加或者缩小，与工作负荷的需求相一致。如果管理虚拟服务器的流程没有按照适当的程序自动进行，虚拟服务器的动态生命周期可能会变得十分复杂。从攻击形式的角度来看，任何人都可以通过互联网到达虚拟服务器（Windows、Solaris 或者 Linux），因此需要采取足够的网络接入缓解步骤以限制对虚拟实例的访问。特别是，云计算服务提供商阻止所有到虚拟服务器的端口，并建议用户使用端口号 22（安全外壳协议，SSH）来管理虚拟服务器上的实例。云计算管理 API 增加了另一种攻击形式，因此必须在保护公共云虚拟服务器安全中予以考虑。在公共 IaaS 中一些新的主机安全威胁包括：

（1）窃取访问和管理主机的密钥（如 SSH 私钥）。

（2）攻击未打补丁的服务漏洞，侦听标准端口（例如 FTP. NetBIOS.SSH）。

（3）劫持没有妥善安全管理的用户（例如没有密码或者密码很弱的标准用户）。

（4）攻击没有用主机防火墙合理保护的系统。

（5）部署内嵌在虚拟机或者虚拟机镜像（操作系统）软件组件里的木马。

保障虚拟服务器安全：在 IaaS 平台上可自我配置的新的虚拟服务器的简化所带来的风险是，不安全的虚拟服务器可能由此创建。默认的安全配置需要确保符合甚至超过现有的产业基线。保障云计算中的虚拟服务器安全需要强大的、可操作的自动化安全程序以及流程。下面是一些建议。

（1）使用默认的安全配置。对镜像进行加固，以形成加固后的标准镜像并在公共云中使用加固后的标准镜像初始化虚拟机（客户操作系统）实例，对于基于云计算的应用程序，最佳实践方法是创建定制的虚拟机镜像，其中只包括支持应用程序栈所必需的功能和服务。通过限制底层的应用程序栈的功能，不仅限制了主机所有的攻击面，也大大减少了需要保障应用程序栈安全的补丁数目。

（2）保留为了在云计算中建立主机而准备的虚拟机镜像和操作系统的所有版本。IaaS 提供商提供一些这样的虚拟机镜像。当使用来自 IaaS 提供商的虚拟镜像时，同样应当经过严格的安全核查和加固。最好的替代方案是提供符合相同内部可信主机安全标准的镜像。

（3）保护加固后镜像的完整性，防止未授权访问。

（4）保护公共云用于访问主机的私钥。

（5）一般来说，除非在需要解密以及在实际解密的活动过程中，而在其他情况下需要把密钥从数据所在的云计算平台中隔离。如果应用程序因为持续进行加密和解密而需要密钥，由于密钥与应用程序搭配使用，可能无法有效地保护密钥。

（6）在虚拟化镜像中，除了用于解密文件系统的密钥之外，不包含其他身份认证的凭证。

（7）对于 Shell 访问，不允许基于密码的身份认证。

（8）询问 Sudo 或者基于角色的访问密码（例如 Solaris，SELinux）。

（9）运行主机防火墙，并开放支持实例服务所需的最少端口。

（10）只运行需要的服务，关闭不使用的服务（例如，如果不需要的话，关闭 FTP、打印服务、网络文件服务和数据库服务）。

表 3-2 列出了在主机层面的安全控制。

表 3-2   主机层面的安全控制

条目	内容
威胁程度	高
预防手段	主机防火墙、访问控制、安装补丁、系统巩固、强认证
监测手段	安全事件日志，基于主机的入侵检测系统/入侵防御系统

第四节　应用层面的基础设施安全

应用或软件的安全应该是整个安全方案的关键，然而大多数实施了安全方案的电力企业尚未建立应用安全方案以解决应用层面的安全问题。设计和实施面向云计算平台的应用程序时，需要根据当前的实践和标准对已有的应用安全程序重新进行评估。应用程序安全在范围上包括从单机单用户应用程序到复杂的有着几百万用户的多用户电子商务应用程序。网络应用程序如内容管理系统（CMS）、Wiki、门户网站、公告板和论坛等都在小企业和大企业中广泛使用。很多机构也通过使用不同类型的网络框架（PHP、NET、J2EE、Ruby on rails. Python 等），为机构业务开发和维护一些定制的网络应用程序。根据 SANS 的报告,直到2007年很少有犯罪分子攻击网站漏洞,这是因为在访问未经授权的经济或信息方面,使用其他的攻击方式更有优势。然而,近几年跨站脚本(XSS)以及其他攻击方式的快速增长表明,寻求经济利益的犯罪分子找到了一种新的网络渗透方法,那就是利用网络程序编程的错误从而实现对重要机构的入侵。在这部分中,讨论限定于网络应用程序的安全:用户使用标准的互联网浏览器如Firefox、Internet Explorer或者Safari,通过任何可以连接到互联网的计算机,应用在云计算中的网络应用程序。

由于浏览器是终端用户用以访问云计算应用程序的客户端,应用程序安全设计将浏览器安全纳入其范围之内是十分重要的。这些方面一起共同决定终端到终端的云计算安全的强度,保护云计算服务所处理信息的保密性、完整性和可用性。

一、应用级安全威胁

根据SANS的报告,在开源及定制程序中的网络应用程序漏洞几乎占据了从2006年11月到2007年10月间发现的漏洞数目的一半。现存的威胁是对众所周知的应用程序漏洞的利用,包括跨站脚本(XSS)、SL注入、执行恶意文件,以及其他由于编程错误和设计缺陷所造成的漏洞。黑客掌握了相关的知识和工具后,就会不断地扫描网络应用程序(可通过互联网访问的)以发现应用程序漏洞。然后他们利用发现的漏洞进行各种非法活动,如金融诈骗、知识产权盗窃、把可信网站变成对客户端进行攻击的恶意服务器以及钓鱼欺诈等。从严格的输入验证到应用程序逻辑错误,所有的网络框架以及各类型的网络应用程序都可能存在安全风险。

一种常见的做法是,使用结合了边界安全控制和基于网络、基于主机的访问控制来保护网络应用程序不受外部黑客的攻击,这些应用程序应该部署在企业内部网和私有云当中高度控制的环境中。建立和部署在公共云计算平台上的网络应用程序则承受着高级别的风险,有可能被黑客攻击进而被用于欺诈等非法活动。在这种威胁之下,部署于公共云中的网络应用程序(SPI模式)必须根据互联网威胁模型进行设计,而且必须在软件开发生命周期(SDLC)中内嵌安全。

此外，应当留意应用层的 DoS 和 DDoS 攻击，它可潜在的破坏云计算服务相当长的时间。这些攻击通常来自互联网上被感染的计算机系统（通常黑客劫持并控制被感染的电脑，这些电脑被病毒、木马、恶意软件以及有时是被强大的未受保护的服务器所感染）。应用程序级 DoS 攻击可以表现为大量的网页重新加载，XMLWeb 服务请求（通过 ITTP 或 HTTPS），或者是云计算服务支持的特定协议的请求。由于这些恶意请求包含在合法流量当中，在不影响整体服务的情况下进行选择性的恶意流量过滤往往是极度困难的。例如，2009 年 8 月 6 日针对 Twitter 的 DDoS 攻击，使其服务终止了数小时。

除了破坏云计算服务，DoS 攻击还会造成不良的用户体验并影响服务质量，DoS 攻击可以快速榨干企业在云计算服务方面的预算。对按使用付费的云计算应用程序的 DoS 攻击会造成云计算使用费用的急剧增加，对网络带宽、CPU 和存储的消耗会增加。这种类型的攻击也被定性为拒绝经济可持续性（EDoS）。

电力行业采用云计算为黑客提供了发挥空间。通过对用户账户的劫持及利用，黑客将能够把计算资源连接到一起实现大量计算，而这些并不需要支付任何基础设施的资金费用。在不久的将来，将可以见证从 IaaS 或 PaaS 云计算中发起的对其他云计算服务的 DoS 攻击（这种敌对的攻击性云计算模式被定性为"乌云"）。

二、终端用户的安全

作为云计算服务的用户，对终端用户的安全负有责任，即保护连接到互联网的个人电脑的安全，实现"安全冲浪"。保护措施包括在连接到互联网的电脑上使用安全软件，如反恶意软件、反病毒、个人防火墙、安全补丁以及入侵防御系统等。"浏览器就是操作系统"的说法恰当地说明了浏览器的重要作用，对于使用云计算服务的用户而言，它成了无所不在的"操作系统"。几乎所有的互联网浏览器经常会因为软件漏洞而遭殃，终端用户安全很容易因此遭到攻击。因此，建议云计算用户采取合适的步骤以保护浏览器不受攻击。为了达到云计算终端到终端的安全，用户保持浏览器的良好安全状态是很必要的。这就需要对浏览器（例如 Internet Explorer、Firefox 和 Safari）安装补丁和升级以降低浏览器漏洞的威胁。目前，虽然浏览器安全插件还没有商业化，用户还是应当定期关注其浏览器提供商的网站上的安全更新，并使用自动升级功能，及时安装补丁以维护终端用户的安全性。

三、云计算的网络应用程序安全

根据云计算服务交付模式（SP）和服务级别协议（SLA），安全责任的范围将落在用户和云计算提供商的身上，其中的关键是要了解哪些安全责任在于用户，而哪些在于云计算服务提供商。在这方面，最近的安全调查也凸显了云计算服务提供商的安全控制和实施缺乏透明性，而这也是应用云计算的一个障碍。

首先，云计算服务软件的漏洞对云计算用户并不是透明的，这就阻碍了用户对与漏洞相关的运行风险的管理。此外，云计算服务提供商把他们的软件作为私有的，并阻止安全研究者分析其软件的安全漏洞和错误（除非云计算服务提供商是运行在开源软件上）。由于欠缺透明度，用户只能被动的相信他们的云计算服务提供商可以披露新的可能影响应用程序保密性、完整性和可用性的漏洞。例如，在 2009 年 3 月，通用漏洞披露（CVE）项目并没有主要的 IaaS、PaaS 或是 SaaS 提供商参加。案例分析：亚马孙网络公司耗时 7 个半月修复了一个 Colin percival 于 2007 年 5 月报告的漏洞。这个漏洞是亚马逊的需求代码签名的一个加密弱点，会影响其数据库 API（SimpleDB）和 EC2API 服务，直到 2008 年 12 月这个漏洞被修正后亚马孙才把这个漏洞向公众公布。Coin 确认亚马孙一直很慎重的处理这个问题，耗时如此之久仅仅是因为推出受其影响的服务的补丁需要进行大量的工作。

企业用户应当了解云计算服务提供商风险评估中关于云计算服务及相关因素的漏洞披露策略。接下来，将在 SPI 云计算服务交付模式范围中讨论网络应用程序安全。

1. SaaS 应用程序安全

SaaS 模式决定了提供商管理交付给用户的整套应用程序。因此，SaaS 提供商对保障提供给用户的应用程序及组件的安全性负有大部分的责任。通常用户的责任在于操作上的安全，包括提供商支持的用户管理和访问管理。潜在客户的普遍做法通常是在保密协议之下，向提供商索取所需的关于安全实务方面的信息。这些信息应当包括设计、体系架构、开发、黑盒和白盒安全测试以及发布管理。有些用户甚至会聘请独立的安全提供商 2jSaaS 应用程序（在云计算服务提供商的允许下）进行渗透测试（黑盒安全测试）以验证安全性。然而渗透测试可能花费很高而且不是所有的云计算服务提供商都同意这种类型的验证。

需要对云计算服务提供商提供的 SaaS 的身份认证和访问控制加以额外的关注。通常这是管理信息风险唯一可用的安全控制。绝大多数服务，包括 Salesforce.com 和 Google 提供的服务，提供基于网络的管理员用户界面工具，以管理应用程序的身份认证和访问控制。有些 SaaS 应用程序例如 Google Apps 内建了相关功能，使终端用户可以使用这些功能给其他用户分配读写权限。然而，权限管理功能有可能没有实现先进的细粒度的访问控制，也有可能含有与机构访问控制标准不一致的弱点。关于这个问题的一个例子是 Google Docs 在处理文档的内嵌图片所使用的机制，以及对旧版本文档的访问权限的处理机制。显然，存储在 Google Docs 中的内嵌图片与受共享控制保护的文档的保护方法是不一样的。这意味着，如果共享了一个包含内嵌图片的文档，即便是停止这个文档的共享，其他人也能看到那些图片。一篇博客揭露了这个访问控制问题，并引起了 Google 的关注。虽然 Google 承认了这个问题，但其回应说相信这些问题并不会对用户造成重大的安全风险。

另一个与 Google Docs 相关的事件是隐私方面的小差错，在 Google Apps 云计算服务中存储的文字处理和演示文件中的小部分（Google 声称 0.05% 的文件受到影响）被不适当的共享了访问权限。虽然这些文件只是共享给了那些 Google Docs 用户曾经共享过文件的人们，而不是共享给了所有用户，但也表明需要评估和了解针对云计算的访问控制机制。

云计算用户应当试图了解针对云计算的访问控制机制，包括强身份认证的支持和基于用户角色和功能的权限管理，并采取必要的步骤保护云计算中的信息。应当实施额外的控制来管理对 SaaS 管理工具的特权访问，并实现职责分离，以保护应用程序不受内部威胁影响。与安全标准实施相一致，用户应当实施强密码策略，也就是当对应用程序进行身份认证时强制用户使用强度高的密码。

通常 SaaS 提供商的做法是把用户数据合并成单独的虚拟数据存储，并依靠数据标签执行用户数据间的隔离。在多用户数据存储模式下，由于密钥管理和其他设计上的障碍，加密可能并不可行，因此通常使用唯一的用户标识符标记并存储数据。这个唯一的数据标签使得嵌在应用层的业务逻辑可以在数据处理时隔离用户间的数据。可想而知，在云计算服务提供商升级软件的过程中，应用层执行的隔离可能变得十分脆弱。因此，用户应当理解虚拟数据存储的体系架构以及 SaaS 提供商用以保证在虚拟多用户环境下实现分割和隔离的预防机制。

著名的 SaaS 提供商如 Salesforce.com、Microsoft 和 Google，都对软件安全和实施安全保证方面进行了投资，将其作为软件开发生命周期的一部分。然而，由于目前并没有评价软件安全性的行业标准，也就几乎不可能用基线标准去衡量提供商。

表 3-3 列出了在应用层面的安全控制。

表 3-3　　　　　　　　　　　　　应用层的安全控制

条目	内容
威胁程度	中
预防手段	身份管理、访问控制评估、浏览器用最新的补丁加固、通过授权认证等多因素进行认证终端安全措施包括反病毒和入侵防御系统
监测手段	登录的历史记录和来自 SaaS 提供商的可用报告

2. PaaS 应用程序安全

PaaS 提供商大体上可分为下面的两大类。

（1）软件提供商（例如 Bungee、Telos、GigaSpaces、Eucalyptus）。

（2）云计算服务提供商（例如 Google App Engine、Salesforce.com 的 Force.com，Microsoft Azure Intuit Quick Base）。

电力机构在准备使用私有云时，可以采用 PaaS 软件建立内部使用的解决方案。目前，主要的公共云都没有使用商业化的产品或者开源的 PaaS 软件如 Eucalyptus（Eucalyptus 通过 Eucalyptus.com 网站仍然为开发者提供了有限功能的实验云计算）。由于 PaaS 部署还处于新兴阶段，本章不单独讨论 PaaS 软件的安全性。尽管如此，建议机构在评估 PaaS 软件时，应采用与购买其他企业软件一样的软件安全标准进行风险评估。

按照定义，PaaS 云（公共云或私有云）提供了使用平台支持的语言进行设计、开发、测试、部署和支持定制应用程序的集成环境。PaaS 应用程序安全包含两个软件层面。

（1）PaaS 平台自身的安全（如运行时引擎）。

（2）部署在 PaaS 平台上的用户应用程序的安全。

一般来说，PaaS 云计算服务提供商（例如 Google.Microsoft 和 Force.com）有责任保障平台软件栈的安全，包括运行用户应用程序的运行时引擎。由于 PaaS 应用程序可能使用第三方应用程序、组件或者 Web 服务，第三方应用程序提供商应对自身的服务的安全性负责。因此，用户应当理解应用程序对于各种服务的依赖，以及评估关于第三方服务提供商的风险。直到现在，云计算服务提供商还是不愿意分享有关平台安全参数的信息，这些安全信息可能被黑客利用。然而，企业用户应当要求云计算服务提供商提高透明度，并搜寻必要的信息以实施风险评估和维护安全管理

PaaS 应用程序容器：在多用户 PaaS 服务交付模式中，核心安全原则是多用户应用程序彼此间的控制和隔离。在这个模式下，对数据访问应当限定于企业用户以及拥有和管理的应用程序。PaaS 平台运行时引擎的安全模式是云计算服务提供商的知识产权，在多用户计算模式下使用"沙箱"体系架构是必不可少的。因此，平台运行时引擎的沙箱特征，在维护部署于 PaaS 中的应用程序的保密性和完整性方面起到了重要作用。云计算服务提供商有责任检测可应用在 PaaS 平台并可以打破沙箱体系架构的新错误和漏洞。对 PaaS 服务而言，这种情况是最糟糕的场景。对用户敏感信息和隐私造成影响是不可取的，这也可能对业务造成很大的损害。因此，企业用户应当从云计算服务提供商那里寻找关于 PaaS 服务限制和隔离的体系架构方面的信息。

在 PaaS 平台外部的网络和主机安全监控也同样是由 PaaS 云计算提供商负

责（例如对于共享网络和运行用户应用程序的系统基础设施的监控）。PaaS 用户应当理解 PaaS 云计算服务提供商管理他们的平台所采用的机制，包括运行时引擎的升级，以及变更、发布和补丁管理。

3. 用户部署应用程序安全

PaaS 开发者需要熟悉特定 API，以部署和管理执行安全控制的软件模块。此外，由于 API 对 PaaS 云计算服务是唯一的，开发者需要熟悉特定平台的安全特性——比如为了在应用程序中配置验证和授权控制，可以通过安全对象及 Web 服务的形式使用这些安全特性。对于 PaaS API 的设计，目前还没有可用标准，云计算服务提供商也没有共同努力去开发一个跨越云计算的通用的一致的 API，因此跨越 PaaS 云计算的应用程序的移植往往相当艰难。目前，Google App Engine 只支持 Python 和 Java，Salesforce.com 的 Force.com 只支持一种称为 Apex 的专有语言（Apex 与其他诸如 C＋＋、Java 和 NET 等语言不兼容。与这些语言不同的是，Apex 的范围更窄并只能在 Force.com 平台上构建业务应用程序）。在这方面，云计算服务有可能在锁定用户方面相比于传统软件许可更加有效。API 标准的缺乏影响了跨越云计算的安全管理和应用程序移植。

开发人员应当要求云计算服务提供商提供一系列的安全功能，包括用户认证、单点登录（SSO）、授权（权限管理）以及 SSL 或 TLS 支持，这些都可以通过 AP 实现。目前尚没有 PaaS 安全管理标准：云计算服务提供商有其独特的安全模式以及安全功能，而这些随着提供商的不同也各不相同。在 Google App Engine 中，开发者使用 Python 或 Java 对象，设定用户配置文件和选择 Https 作为传输协议。类似地，Force.com 提供 ApexAPI 来设定安全参数，控制不同运行时的配置，为使用 Apex 对象的程序到程序的连接类型交互指定某些 TCP 端口。

根据对主要 PaaS 云计算服务提供商的评估，PaaS 应用程序可用的安全功能只限于基本的安全配置——SSL 配置、基本权限管理以及使用提供商身份存储进行的用户认证。在极个别的情况下，使用安全性断言标记语言（SAML）支持用户联盟。

表 3-4 列出了 PaaS 应用程序使用的安全控制。

表 3-4   **PaaS 应用程序使用的安全控制**

条目	内容
威胁程度	中
预防手段	用户认证、账户管理、浏览器用最新的补丁加固、终端安全措施包括反病毒和入侵防御系统
监测手段	应用程序漏洞扫描

4. IaaS 应用程序安全

作为黑盒处理，提供商对用户应用程序的运行和管理完全不知情。这个栈——用户应用程序、运行时应用程序平台（Java、NET、PHP、Ruby on Rails 等）以及其他方面都运行在用户虚拟服务器上，并且由用户部署和管理，用户对保障部署在 IaaS 云计算中的应用程序的安全负有全部责任。因此，用户不应当期望可从云计算服务提供商处获得关于防火墙策略基本指导和功能之外的任何应用程序安全方面的支持，防火墙策略可影响应用程序与云计算内部或者外部的其他应用程序、用户或者服务之间的通信。

部署在公共云中的网络应用程序必须设计为可应对互联网威胁的模式，内嵌对抗常见网络漏洞（例如开放式网络应用程序安全项目 OWASP 前十位）的标准安全对策。遵守常见的安全部署方法，并定期测试漏洞，最重要的是，应当在软件开发生命周期中内嵌安全特性。用户只负责给他们的应用程序和运行时平台安装补丁，防止恶意软件和黑客进行漏洞扫描而造成的对于云计算中数据的未授权访问。强烈建议在设计和实施应用程序时按照"最小特权"运行时模式执行（例如设置应用程序运行在较低特权的账户下）。

开发者编写 IaaS 云计算的应用程序时必须根据其自身的特点来实施管理认证和授权。与企业身份管理做法相一致，云计算应用程序应当设计成由身份提供商企业（例如 OpenSso、Oracle IAM、IBM、CA）或第三方身份服务提供商（例如 Ping Identity、Symplified、Tri Cipher）支持的授权认证服务功能。任何定制实施的认证、授权和记账（AAA）功能如果没有很好的实施，都可能成为薄弱环节，应当避免上述情况的发生。

综上所述，IaaS 上的应用程序的体系架构与企业网络应用程序十分相似，都是有着Ⅳ层分布式体系架构。在企业网络应用程序中，分布式体系架构部署了很多技术手段，保证主机和连接着分布式主机的网络连接的安全性。而 IaaS 平台在默认情况下并没有类似的控制，必须通过网络及用户访问添加这些控制，或者作为应用程序级控制。IaaS 云计算用户对他们应用程序安全的所有层面负责，应当采取必要的步骤在多用户和充满风险的互联网环境中保护其应用程序并应对应用级威胁。

表 3-5 列出了 IaaS 应用程序使用的安全控制。

表 3-5　　　　　　　　　IaaS 应用程序使用的安全控制

条目	内容
威胁程度	高
预防手段	软件开发生命周期内嵌安全的开发流程、"最小特权"配置、及时安装应用程序不对、用户认证，访问控制账户管理浏览器用最新的补丁加固、终端安全措施包括反病毒、入侵防御系统、基于主机的入侵检测系统、主机防火墙和用于管理的虚拟专用网络（VPN）
监测手段	登录日志、事件关联、应用程序漏洞扫描和监控

总之，用户对公共云计算的评估应当注意公共云计算对定制安全功能是有限制的。在 SaaS、PaaS 及 IaaS 公共云中并不支持诸如使用支持 PKCS12（公开密钥密码法）的应用程序防火墙、SSL 加速器、密码使用或者版权管理等安全所需求的。将来 IaaS 和 PaaS 提供商也许会根据用户需求而提供一些这类较先进的安全功能，但从目前来看，任何需要 IaaS/PaaS 公共云计算部署设备或者本地连接外围设备的安全措施都是不可行的。

第四章 电力大数据安全保障技术

随着企业信息化建设不断发展，信息系统已全面融入企业生产经营管理业务的各个方面，积累了大量的结构化数据、非结构化数据、海量历史准实时数据和地理信息数据。目前传统技术在大规模数据采集、存储、计算处理、安全管理等存在难点，为实现数据应用水平和商业价值，企业提出深入研究和应用大数据关键技术，提升企业海量结构化、非结构化数据采集和存储能力，提高海量数据的计算和分析速度，完善大数据的安全管理机制。

第一节 数据采集整合安全

电力行业海量大数据的存储需求催生了大规模分布式采集及存储模式。在数据采集过程中，可能存在数据损坏、数据丢失、数据泄露、数据窃取等安全威胁，因此需要使用身份认证、数据加密、完整性保护等安全机制来保证采集过程的安全性。

一、数据传输安全要求

一般来说，电力数据传输的安全要求有如下几点。

（1）机密性：只有预期的目的端才能获得数据。

（2）完整性：信息在传输过程中免遭未经授权的修改，即接收到的信息与发送的信息完全相同。

（3）真实性：数据来源的真实可靠。

（4）防止重放攻击：每个数据分组必须是唯一的，保证攻击者捕获的数据分组不能重发或者重用。

要达到上述安全要求，一般采用的技术手段如下。

（1）目的端认证源端的身份，确保数据的真实性。

（2）数据加密以满足数据机密性要求。

（3）密文数据后附加 MAC（消息认证码），以达到数据完整性保护的目的。

（4）数据分组中加入时间戳或不可重复的标识来保证数据抵抗重放攻击的能力。虚拟专用网技术将隧道技术、协议封装技术、密码技术和配置管理技术结合在一起，采用安全通道技术在源端和目的端建立安全的数据通道，通过将待传输的原始数据进行加密和协议封装处理后再嵌套装入另一种协议的数据报文中，像普通数据报文一样在网络中进行传输。经过这样的处理，只有源端和目的端的用户对通道中的嵌套信息能够进行解释和处理，而对于其他用户而言只是无意义的信息。因此，采用 VPN 技术可以通过在数据节点以及管理节点之间布设 VPN 的方式，满足安全传输的要求。

目前较为成熟的 VPN 实用技术均有相应的协议规范和配置管理方法。这些常用配置方法和协议主要包括路由过滤技术、通用路由封装协议（generic routing encapsulation，GRE）、第二层转发协议（L2F，level 2 forwarding protocol）、第二层隧道协议（L2TP，level 2 tunneling protocol）、IP 安全协议（IP security, IPSec）、SSL 协议等。

多年来 IPSec 协议一直被认为是构建 VPN 最好的选择，从理论上讲 IPSec 协议提供了网络层之上所有协议的安全。然而因为 IPSec 协议的复杂性，使其很难满足构建 VPN 要求的灵活性和可扩展性。SSL VPN 凭借其简单、灵活、安全的特点，得到了迅速的发展，尤其在大数据环境下的远程接入访问应用方面，SSL VPN 具有明显的优势。

二、SSL VPN

SSL VPN 采用标准的安全套接层协议，基于 X.509 证书，支持多种加密算法。可以提供基于应用层的访问控制，具有数据加密、完整性检测和认证机制，而且客户端无须特定软件的安装，更加容易配置和管理等特点，从而降低用户的总成本并增加远程用户的工作效率。

SSL 协议是 Netscape 公司 1995 年推出的一种安全通信协议。SSL 协议建立在可靠的 TCP 传输协议之上，并且与上层协议无关，各种应用层协议（如 HTTP/FTP/TELNET 等）能通过 SSL 协议进行透明传输。

SSL 协议提供的安全连接具有以下三个基本特点。

（1）连接是保密的：对于每个连接都有唯一的会话密钥，采用对称密码体制（如 DES、RC4 等）来加密数据。

（2）连接是可靠的：消息的传输采用 MAC 算法（如 MD5、SHA 等）进行完整性检验。

（3）对端实体的鉴别采用非对称密码体制（如 RSA、DSS 等）进行认证。

SSL VPN 系统的组成按功能可分为 SSL VPN 服务器和 SSL VPN 客户端。SSL VPN 服务器是公共网络访问私有局域网的桥梁，它保护了局域网内的拓扑结构信息。SSL VPN 客户端是运行在远程计算机上的程序，它为远程计算机通过公共网络访问私有局域网提供安全通道，使得远程计算机可以安全地访问私有局域网内的资源。SSL VPN 服务器的作用相当于网关，它拥有两种 IP 地址：一种 IP 地址的网段和私有局域网在同一个网段，并且相应的网卡直接连接局域网；另一种 IP 地址是申请合法的互联网地址，并且相应的网卡连接到公共网络。

在 SSL VPN 客户端，需要针对其他应用实现 SSL VPN 客户端程序，这种程序需要在远程计算机上安装和配置。SSL VPN 客户端程序的角色相当于代理客户端，当应用程序需要访问局域网内的资源时，它就向 SSL VPN 客户端程序发出请求，SSL VPN 客户端程序再与 SSL VPN 服务器建立安全通道，然后转发应用程序并在局域网内进行通信。

通常 SSL VPN 有三种工作模式。

（1）Web 浏览器模式。远程计算机使用 Web 浏览器通过 SSL VPN 服务器来访问企业内部网中的资源。SSL VPN 服务器相当于数据中转服务器，所有 Web 浏览器对服务器的访问都经过 SSL VPN 服务器的认证后转发给服务器，从服务器发往 Web 浏览器的数据经过 SSL VPN 服务器加密后送到 Web 浏览器，从而在 Web 浏览器和 SSL VPN 服务器之间，由 SSL 协议构建了一条安全通道。此模式是 SSL VPN 的主要优势所在，由于 Web 浏览器内置了 SSL 协议，只要在 SSL VPN 服务器上集中配置安全策略，即可方便用户的使用。这种模式的缺点是仅能保护 Web 通信传输安全。

（2）SSL VPN 客户端模式。这种模式与 Web 浏览器模式的差别主要是远程计算机上需要安装 SSL VPN 客户端程序，远程计算机访问企业内部的应用服务器时，需要经过 SSL VPN 客户端和 SSL VPN 服务器之间的保密传输后才能到达。SSL VPN 服务器相当于代理服务器，SSL VPN 客户端相当于代理客户端。在 SSL VPN 客户端和 SSL VPN 服务器之间，由 SSL 协议构建了一条安全通道，用来传送应用数据。这种模式的优点是支持所有建立在 TCP/IP 和 UDP/IP 上的应用通信传输的安全，Web 浏览器也可以在这种模式下正常工作。这种模式的缺点是客户端需要额外的开销。

（3）LAN 到 LAN 模式。这种模式下客户端不需要做任何安装和配置，仅在 SSL VPN 服务器上安装和配置。当一个网络内的计算机要访问远程网络内的应用服务器时，需要经过两个网络的 SSL VPN 服务器之间的保密传输后才能到达。SSL VPN 服务器相当网关，在两个 SSL VPN 服务器之间，由 SSL 协议构建了一条安全通道，用来保护在局域网之间传送的数据。此模式对 LAN（局域网）与 LAN 间的通信传输进行安全保护。它的优点是拥有更多的访问控制方式，缺点是仅能保护应用数据的安全，并且性能较低。

在大数据环境下的数据应用和挖掘，需要以海量数据的采集与汇聚为基础，采用 SSL VPN 技术可以保证数据在节点之间传输的安全性。以电信运营商的大数据应用为例，运营商的大数据平台一般采用多级架构，处于不同地理位置的节点之间需要传输数据，在任意传输节点之间均可部署 SSL VPN，保证端到端的数据安全传输。安全机制的配置意味着额外的开销，引入传输保护机制后，除了数据安全性之外，对数据传输效率的影响主要有两个方面：一是加密与解密对数据速率造成的影响；二是加密与解密对于主机性能造成的影响。在实际应用中，选择加解密算法和认证方法时，需要在计算开销和效率之间寻找平衡。

三、数据整合技术

电力数据整合技术包括消息队列、数据导入工具、数据抽取工具、数据复制工具等多种技术的研究，实现结构化、非结构化、海量历史/准实时、电网空间数据接入，将各类数据按照电力大数据信息模型进行标准化格式存储，依据应用需求存储在分布式数据存储中。

如图 4-1 所示，通过封装关系数据库数据抽取、实时数据采集、文件数据采集、数据库实时复制、分布式 ETL 等访问调用接口，构建分布式数据整合功能，具备定时/实时数据的采集处理能力，实现从数据源到平台存储的配置开发、过程监控。

1．实时数据采集

分布式消息队列负责实时数据的采集，将消息生产的前端和后端服务架构解耦，由消息生产者、消费者组和存储节点组成。

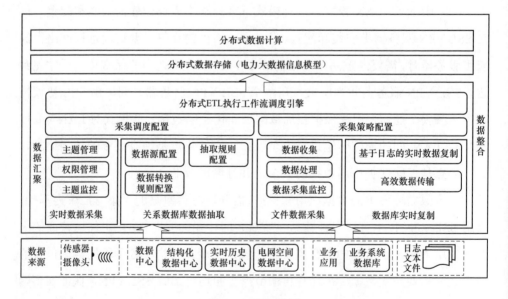

图 4-1　数据整合

（1）消息生产者：如电网传感器数据等。

（2）消费者组：即消费者的并发单位，在数据量比较大的时候，需要分布式集群来处理消息，一组消费者各自消费某一主题来协作处理。

（3）存储节点：支持将消息进行短暂的持久化，如存储最近一周的数据，以便下游集群故障时，重新订阅之前丢失的数据，通过副本来实现消息的可靠存储，避免单机故障造成服务中断，同时副本也可以增加续写带宽，支持更多的下游消费者订阅。

具体实现过程如图 4-2 所示，状态监测消息生产者，在通过安全认证后，创建"状态监控数据"主题，之后通过主题发往存储节点，并作短暂的持久化。流处理引擎等作为消费者通过订阅主题为"状态监控数据"的消息来获取相应的数据，并进一步进行相应的处理。

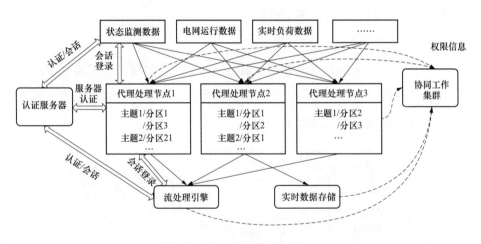

图 4-2 实时数据采集

2. 关系数据库数据抽取

关系型数据库数据采集采用批量数据导入工具＋数据清洗转换工具，如图 4-3 所示。

（1）采用批量数据导入工具作为全量或定时增量抽取关系型数据库中数据工具。

（2）采用数据清洗转换提供图形化的界面定义数据抽取规则，并可与其他工具相结合，完成数据抽取的工作流。

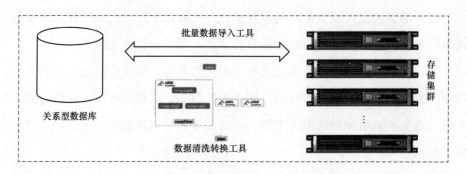

图 4-3　数据导入工具架构

　　数据导入工具主要通过指定连接原始关系数据库的配置，及导入到大数据平台中的连接、表结构、数据定义等配置，即可自动调用任务处理逻辑进行数据抓取、切分、转换、写入等工作。

　　3. 文件数据采集

　　文件数据采集支持分布式方式从数百个产生文件的服务器采集文件到大数据分布式文件中，通常用于将多个应用服务中产生的网络日志采集到大数据平台中。文件数据采集架构如图 4-4 所示。

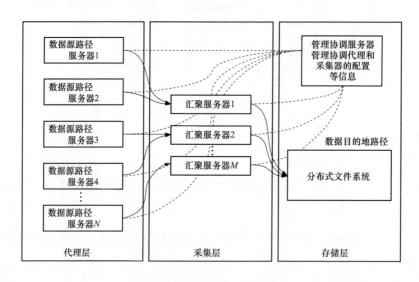

图 4-4　文件数据采集架构

文件数据采集主要包含采集代理，文件收集器和文件存储三个组件。其中采集代理将数据源的数据发送给文件收集器；文件收集器将多个采集代理的数据汇总后，加载到平台的分布式文件存储中。

文件数据采集组件提供了从控制台（console）、Thrift-RPC、文件 tail 命令（UNIX tail）、日志系统（syslog，支持 TCP 和 UDP 等两种模式），exec（命令执行）等数据源上收集数据的能力，常见的是使用 exec 方式进行日志采集。

数据接收方可以是控制台（console）、文件（text）、HDFS 文件（dfs）、Thrift-RPC 和 syslog TCP（TCP syslog 日志系统）等，如直接写入到 HDFS 之上。

4. 数据库实时复制

关系型数据库实时同步采用数据库复制工具。

（1）增量数据捕获工具通过解析关系型数据库日志，将数据实时同步到大数据平台。

（2）通过解析日志进行同步，将对源关系型数据库的负载影响降至最低。

（3）支持 Oracle、DB2、Sybase、Microsoft、MySQL。

如图 4-5 所示，数据库复制工具是通过解析关系型数据库的日志（如重做和归档），然后生成自己的队列文件，通过队列文件传输到目标端，目标端通过读取相应的队列文件在目标数据库中重演事务。

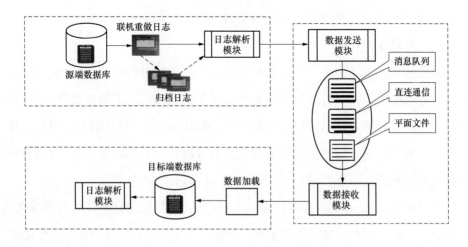

图 4-5 关系型数据库实时同步架构

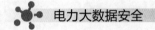

5. 数据流向

提供面向流数据、实时数据和批数据的处理，流程如下。

（1）流数据通过分布式队列、文件数据采集等消息日志处理接入流计算处理平台，并针对计算结果集做进一步统计分析。

（2）实时数据直接接入实时数据在线处理平台，通过在线数据处理平台响应高并发读写请求。

（3）批数据通过数据抽取、同步、上传等导入到核心平台进行数据存储分析。

第二节　数据存储安全

电力大数据关键在于电力数据分析和利用，因此不可避免增加了电力数据存储的安全风险。相对于传统的数据，电力大数据还具有生命周期长，多次访问、频繁使用的特征，在电力大数据环境下，云服务商、数据合作厂商的引入增加了用户隐私数据泄露、企业机密数据泄露、数据被窃取的风险。另外由于电力大数据具有如此高的价值，大量的黑客就会设法窃取平台中存储电力数据，以谋取利益，电力数据的泄露将会对企业和用户造成无法估量的后果，如果电力数据存储的安全性得不到保证，将会极大地限制电力行业发展。

一、隐私保护技术

简单地说，隐私就是个人、机构等实体不愿意被外部世界知晓的信息。在具体电力数据应用中，隐私即为数据所有者不愿意被披露的敏感信息，包括敏感数据以及数据所表征的特性，如用户的手机号、姓名、证件信息、用电户号、住址等。但当针对不同的数据以及数据所有者时，隐私的定义也会存在差别。一般来说，从隐私所有者的角度而言，隐私可以分为两类。

（1）个人隐私（individual privacy）：任何可以确认特定个人或与可确认的个人相关、但个人不愿被暴露的信息，都称作个人隐私，如身份证号、住址等。

（2）共同隐私（corporate privacy）：共同隐私不仅包含个人的隐私，还包含所有个人共同表现出但不愿被暴露的信息，如电力用户的电量使用情况等信息。

隐私保护技术主要保护以下两个方面的内容。

（1）如何保证数据应用过程中不泄露隐私。

（2）如何更有利于数据的应用。

当前，隐私保护领域的研究工作主要集中于如何设计隐私保护原则和算法更好地达到这两方面的平衡。隐私保护技术可以分为以下三类。

（1）基于数据变换（distorting）的隐私保护技术。所谓数据变换，简单地讲就是对敏感属性进行转换，使原始电力数据部分失真，但是同时保持某些数据或数据属性不变的保护方法。数据失真技术通过扰动（perturbation）原始数据来实现隐私保护，它要使扰动后的数据同时满足以下两点。

1）攻击者不能发现真实的原始数据。也就是说，攻击者通过发布的失真数据不能重构出真实的原始数据。

2）失真后的数据仍然保持某些性质不变，即利用失真数据得出的某些信息等同于从原始数据上得出的信息，这就保证了基于失真数据的某些应用的可行性。

目前，该类技术主要包括随机化（randomization）、数据交换（data swapping）、添加噪声（add noise）等。一般来说，当进行分类器构建和关联规则挖掘，而数据所有者又不希望发布真实数据时，可以预先对原始数据进行扰动后再发布。

（2）基于数据加密的隐私保护技术。采用对称或非对称加密技术在数据挖掘过程中隐藏敏感数据，多用于分布式应用环境中，如分布式数据挖掘、分布式安全查询、几何计算、科学计算等。

分布式应用一般采用垂直划分（vertically partitioned）和水平划分（horizontally partitioned）两种数据模式存储数据。垂直划分数据是指分布式环境中每个站点只存储部分属性的数据，所有站点存储的数据不重复；水平划分数据是将数据记录存储到分布式环境中的多个站点，所有站点存储的数据不重复。

（3）基于匿名化的隐私保护技术。匿名化是指根据具体情况有条件地发布数据。如不发布数据的某些域值、数据泛化（generalization）等。限制发布即有选择的发布原始数据、不发布或者发布精度较低的敏感数据，以实现隐私保护。数据匿名化一般采用两种基本操作。

1）抑制：抑制某数据项，即不发布该数据项。

2）泛化：泛化是对数据进行更概括、抽象的描述。譬如，对整数 5 的一种泛化形式是［3，6］，因为 5 在区间［3，6］内。

每种隐私保护技术都存在自己的优缺点，基于数据变换的技术，效率比较高，但却存在一定程度的信息丢失；基于加密的技术则刚好相反，它能保证最终数据的准确性和安全性，但计算开销比较大；而限制发布技术的优点是能保证所发布的数据一定真实，但发布的数据会有一定的信息丢失。在大数据隐私保护方面，需要根据具体的应用场景和业务需求，选择适当的隐私保护技术。

二、数据加密技术

在大数据环境下，电力数据可以分为静态数据和动态数据两类。静态数据是指文档、报表、资料等不参与计算的数据；动态数据则是指需要检索或参与计算的数据。

使用 SSL VPN 可以保证数据传输的安全，但存储系统要先解密数据，然后进行存储，当数据以明文的方式存储在系统中时，面对未被授权入侵者的破坏、修改和重放攻击显得很脆弱，对重要数据的存储加密是必须采取的技术手段。然而，这种"先加密再存储"的方法只能适用于静态数据，对于需要参与运算的动态数据则无能为力，因为动态数据需要在 CPU 和内存中以明文形式存在。

（一）静态数据加密机制

1. 数据加密算法

数据加密算法有对称加密和非对称加密算法两类。对称加密算法是它本身的逆反函数，即加密和解密使用同一个密钥，解密时使用与加密同样的算法即可得到明文。常见的对称加密算法有 DES、AES、IDEA、RC4、RC5、RC6 等。非对称加密算法使用两个不同的密钥，一个公钥和一个私钥。在实际应用中，用户管理私钥的安全，而公钥则需要发布出去，用公钥加密的信息只有私钥才能解密，反之亦然。常见的非对称加密算法有 RSA、基于离散对数的 EI Gamal 算法等。

两种加密技术的优缺点对比：对称加密的速度比非对称加密快很多，但缺点是通信双方在通信前需要建立一个安全信道来交换密钥；非对称加密无须事先交换密钥就可实现保密通信，且密钥分配协议及密钥管理相对简单，但运算速度较慢。

实际工程中常采取的解决办法是将对称和非对称加密算法结合起来，利用非对称密钥系统进行密钥分配，利用对称密钥加密算法进行数据的加密，尤其是在大数据环境下，加密大量的数据时，这种结合尤其重要。

2. 加密范围

在大数据存储系统中，并非所有的数据都是敏感的。对那些不敏感的数据进行加密完全是没必要的。尤其是在一些高性能计算环境中，敏感的关键数据通常主要是计算任务的配置文件和计算结果，这些数据相对于敏感程度不那么高，但数据量庞大的计算源数据来说，在系统中比重不那么大。因此，可以根据数据敏感性，对数据进行有选择性的加密，仅对敏感数据进行按需加密存储，而免除对不敏感数据的加密，可以减小加密存储对系统性能造成的损失，对维持系统的高性能有着积极的意义。

3. 密钥管理方案

密钥管理方案主要包括密钥粒度的选择、密钥管理体系以及密钥分发机制。

密钥是数据加密不可或缺的部分，密钥数量的多少与密钥的粒度直接相关。密钥粒度较大时，方便用户管理，但不适合于细粒度的访问控制。密钥粒度小时，可实现细粒度的访问控制，安全性更高，但产生的密钥数量大难于管理。

适合电力大数据存储的密钥管理办法主要是分层密钥管理，即金字塔式密钥管理体系。这种密钥管理体系是将密钥以金字塔的方式存放，上层密钥用来加/解密下层密钥，只需将顶层密钥分发给数据节点，其他层密钥均可直接存放于系统中。考虑到安全性，大数据存储系统需要采用中等或细粒度的密钥，因此密钥数量多，而采用分层密钥管理时，数据节点只需保管少数密钥就可对大量密钥加以管理，效率更高。

可以使用基于 PK1 体系的密钥分发方式对顶层密钥进行分发，用每个数据节点的公钥加密对称密钥，发送给相应的数据节点，数据节点接收到密文的密钥后，使用私钥解密获得密钥明文。

（二）动态数据加密机制

同态加密是基于数学难题的计算复杂性理论的密码学技术。对经过同态加密的数据进行处理得到一个输出，将这一输出进行解密，其结果与用同一方法处理未加密的原始数据得到的输出结果是一样的。记加密操作为 E，明文为 m，加密得 e，即 e＝E（m），m＝E′（e）。已知针对明文有操作 f，针对 E 可构造 F，使得 F（e）＝E［f（m）］，这样 E 就是一个针对 f 的同态加密算法。

同态加密技术是密码学领域的一个重要课题，目前尚没有真正可用于实际的全同态加密算法，现有的多数同态加密算法要么是只对加法同态（如 Paillier 算法），要么是只对乘法同态（如 RSA 算法），或者同时对加法和简单的标量乘法同态（如 IHC 算法和 MRS 算法）。少数的几种算法同时对加法和乘法同态（如 Rivest 加密方案），但是由于严重的安全问题，也未能应用于实际。2009 年 9 月，IBM 研究员 Craig Gentry 在 Transactions on Computation Theory（《计算机理论学报》）上发表论文，提出一种基于理想格（ideal lattice）的全同态加密算法，成为一种能够实现全同态加密所有属性的解决方案。虽然该方案由于同步工作效率有待改进而未能投入实际应用，但是它已经实现了全同态加密领域的重大突破。

同态技术可实现在加密的数据中进行诸如检索、比较等操作，得出正确的结果，而在整个处理过程中无须对数据进行解密。其意义在于，真正从根本上解决将大数据及其操作的保密问题。

三、数据存储技术

电力数据统一存储技术指通过构建分布式文件系统、分布式数据库、关系型数据库，实现各类数据的集中存储与统一管理，满足大量、多样化数据的低成本、高性能存储需求。

如图 4-6 所示，数据存储主要面向全类型数据（结构化、半结构化、实时、非结构化）的存储、查询，以海量规模存储、快速查询读取为特征。在低成本硬件（X86）、磁盘的基础上，采用包括分布式文件系统、分布式关系型数据库、NoSQL 数据库、实时数据库、内存数据库等业界典型功能系统，支撑数据处理高级应用。

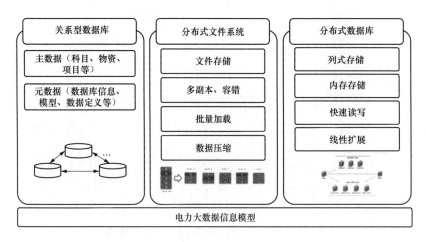

图 4-6　数据存储

1. 关系型数据库

关系型数据库主要定位一方面是作为元数据、主数据的存储，另一方面作为部分管理、运维类应用的底层数据库，与原有业务系统数据进行交换和联合查询。关系型数据库作为分布式文件系统与分布式数据库的补充和强化，可以满足各类数据的存储需求。

2. 分布式文件系统

作为一种可运行在 X86 低成本硬件上的分布式文件系统，具有高吞吐量、支持大数据集、自动冗余、扩展性好等特征，适合作为大数据平台存储的基础。在分布式文件系统之上可构建分布式数据库或数据仓库产品。

分布式文件系统针对小文件存储提供了优化方案，具备作为非结构数据中心分布式存储的条件。在应用分布式文件系统改造非结构化数据中心时，需针对不同大小的文件采取不同的优化策略。

在大数据平台中采用统一的底层分布式文件系统，所有数据汇聚存储在该文件系统之上，同时支持纠删码功能以及文件加密存储。并能够通过参数调整分布式文件系统的副本数量以及文件块大小等存储设置。分布式文件系统数据读取操作流程如图 4-7 所示。

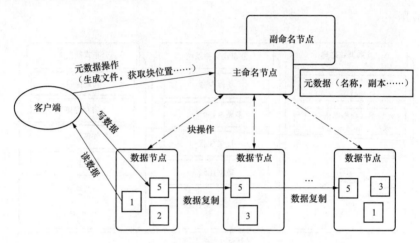

图 4-7　分布式文件系统数据读取操作流程

1，2，3，5—数据块

（1）命名节点：管理元数据，包括文件目录树，文件→块映射，块→数据服务器映射表等，为保证分布式文件存储服务的高可靠，防止命名节点单点故障，采用命名节点高可用（HA）方案，始终有一个热备的命名节点存在。

（2）数据节点：负责存储数据及响应数据读写请求。

（3）客户端：与命名节点交互进行文件创建/删除/寻址等操作，之后直接与数据节点交互进行文件 I/O。

分布式文件系统的高可用性和高存储能力特点使其非常适合于海量数据的存储和备份。

（1）高可用性。分布式文件系统通过高可用的命名节点方案，保证分布式文件系统的高可靠性，始终有一个命名节点做热备，防止单点故障问题，如图 4-8 所示。

通过命名节点高可用性解决了命名节点的单点故障问题，但是不能解决命名节点的单点性能处理瓶颈问题。通过分布式文件系统中多个命名空间的管理来解决分布式文件系统中单点性能瓶颈问题，每个命名空间中有两个命名节点作高可用，命名空间相当于挂载在分布式文件系统的根分区下的一个个目录。

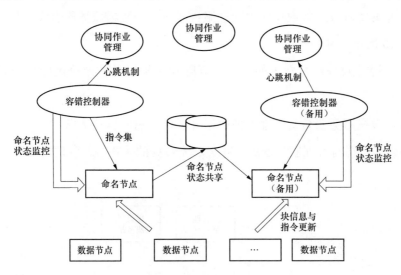

图 4-8　命名节点高可用方案

（2）高存储能力。冷数据可以使用分布式文件系统中纠删码（Erasure Code）功能进行降低副本，自动降低存储开销，以提高集群存储容量。如图 4-9 所示，可对分布式文件系统目录、数据生命周期时间进行策略配置，设置数据的冷却时间，当这些数据到达冷却时间后，会自动触发降副本的过程。

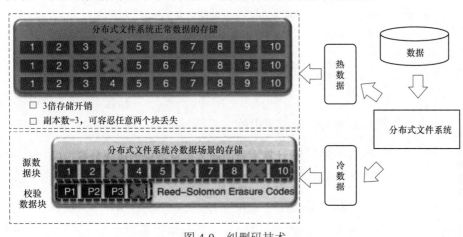

图 4-9　纠删码技术

3. 分布式数据库

分布式数据库存储解决关系型数据库在处理海量数据时的理论和实现上的局限性，实现海量数据的 OLTP 类秒级检索查询和 OLAP 类高速数据分析应用需求。通常实时分布式数据库由管理服务器与多个数据服务器组成，部署结构如图 4-10 所示，其中：

（1）管理服务器负责表的创建、删除和维护以及数据分区的分配和负载平衡；

（2）数据服务器负责管理维护数据分区以及响应读写请求；

（3）客户端与管理服务器进行有关表元数据的操作，之后直接读/写数据服务器。

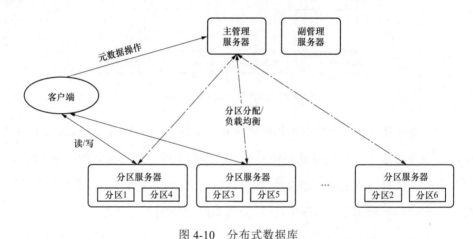

图 4-10　分布式数据库

第三节　数据挖掘安全

电力数据挖掘是电力大数据应用的核心部分，是发掘电力大数据价值的过程，即从海量的电力数据中自动抽取隐藏在数据中有用信息的过程，有用信息可能包括规则、概念、规律及模式等。电力数据挖掘融合了数据库、人工智能、机器学习、统计学、高性能计算、模式识别、神经网络、数据可视化、信息检索和空间数据分析等多个领域的理论和技术。数据挖掘的专业性决定了拥有大数据的机构又往往不是专业的数据挖掘者，因此在发掘大数据核心价值的过程中，可能会引入第三方挖掘机构。如何保证第三方在进行电力数据挖掘的过程中不植入恶意程序，不窃取系统数据，这是电力大数据应用进程中必然要面临的问题。

一、身份认证技术

身份认证是指计算机及网络系统确认操作者身份的过程，也就是证实用户的真实身份与其所声称的身份是否符合的过程。根据被认证方能够证明身份的认证信息，身份认证技术可以分为三种。

1. 基于秘密信息的身份认证技术

所谓的秘密信息指用户所拥有的秘密知识，如用户 ID、口令、密钥等。基于秘密信息的身份认证方式包括基于账号和口令的身份认证、基于对称密钥的身份认证、基于密钥分配中心（KDC）的身份认证、基于公钥的身份认证、基于数字证书的身份认证等。

（1）基于公共密钥的认证机制。公钥基础设施 PICI，是一种运用非对称密码技术来实施并提供安全服务的具有普适性的网络安全基础设施。它采用了证书管理公钥，通过第三方的可信任机构认证中心，把用户的公钥和用户的其他标识信息捆绑在一起，在 Internet 上验证用户的身份，保证网上数据的安全传输。

PKI 的最基本元素是数字证书，所有安全操作主要是通过数字证书来实现。而核心的实施者是认证中心 CA，它是 PKI 中不可缺少的一部分，具有权威性，是一个普遍可信的第三方，主要向用户颁发数字证书。PKI 体制的基本原理是利用"数字证书"这一静态的电子文件来实施公钥认证。

数字证书是一段包含用户身份信息、用户公钥信息以及身份验证机构数字签名的数据。身份验证机构的数字签名可以确保证书信息的真实性，用户公钥信息可以保证数字信息传输的完整性，用户的数字签名可以保证数字信息的不可否认性。通过使用数字证书，使用者可以得到如下保证。

①信息除发送方和接收方外不被其他人窃取。

②信息在传输过程中不被篡改。

③发送方能够通过数字证书来确认接收方的身份。

④发送方对于自己的信息不能抵赖。

⑤信息自数字签名后到收到为止未曾做过任何修改，签发的文件是真实文件。在多数的场合下，最广泛接受的证书格式是 X.509 标准，使用最多的是 X.509v3 标准。

（2）基于动态口令的认证机制。动态口令机制是为了解决静态口令的不安全问题而提出的，基本思想是用动态口令代替静态口令，其基本原理是：在客户端登录过程中，基于用户的秘密通行短语（secure pass phrase，SPP）加入不确定因素，SPP 和不确定因素进行变换（如使用 MD5 信息摘录），所得的结果作为认证数据（即动态口令）提交给认证服务器。由于客户端每次生成认证数据都采用不同的不确定因素值，保证了客户端每次提交的认证数据都不相同，因此动态口令机制有效地提高了身份认证的安全性。

2. 基于信物的身份认证技术

主要有基于信用卡、智能卡、令牌的身份认证等。智能卡也叫令牌卡，实质上是 IC 卡的一种。智能卡的组成部分包括微处理器、存储器、输入/输出部分和软件资源。为了更好地提高性能，通常会有一个分离的加密处理器。

3. 基于生物特征的身份认证技术

基于生理特征（如指纹、声音、虹膜）的身份认证和基于行为特征（如步态、签名）的身份认证等。

为了解决用户身份认证过程的安全问题，目前业界已经提出了一种利用生物特征识别技术用于识别人类真实身份。用户可以利用自身的生物特征，如指纹、声纹、人脸、虹膜等，无须记忆密码。采用生物特征识别技术用于用户身份登录可以克服传统密码认证手段存在的缺点。

（1）采用用户的生物特征作为用户的唯一身份标识取代传统密码进行登录，由于生物特征属于人体的自然属性，因此无须用户记忆。

（2）由于生物特征属于与生俱来的自然属性，所以不涉及记录到纸张上失窃的情况，安全性大大提升。

（3）相对于传统密码登录，生物特征更难以被复制、分发、伪造、破坏，以及被攻击者破解。

（4）生物特征属于私人的自然属性，因此不可能出现一个账号被共享的情况，避免法律纠纷。

二、访问控制技术

访问控制是指主体依据某些控制策略或权限对客体或其资源进行的不同授权访问，限制对关键资源的访问，防止非法用户进入系统及合法用户对资源的非法使用。访问控制是进行数据安全保护的核心策略，为有效控制用户访问数据存储系统，保证数据资源的安全，可授予每个系统访问者不同的访问级别，并设置相应的策略保证合法用户获得数据的访问权。访问控制一般可以是自主或者非自主的，最常见的访问控制模式有如下三种。

1. 自主访问控制（discretionary access control）

自主访问控制是指对某个客体具有拥有权（或控制权）的主体能够将对该客体的一种访问权或多种访问权自主地授予其他主体，并在随后的任何时刻将这些权限回收。这种控制是自主的，也就是指具有授予某种访问权力的主体（用户）能够自己决定是否将访问控制权限的某个子集授予其他的主体或从其他主体那里收回他所授予的访问权限。自主访问控制中，用户可以针对被保护对象制定自己的保护策略。这种机制的优点是具有灵活性、易用性与可扩展性，缺点是控制需要自主完成，这带来了严重的安全问题。

2. 强制访问控制（mandatory access control）

强制访问控制是指计算机系统根据使用系统的机构事先确定的安全策略，对用户的访问权限进行强制性的控制。也就是说，系统独立于用户行为强制执行访问控制，用户不能改变他们的安全级别或对象的安全属性。强制访问控制进行了很强的等级划分，所以经常用于军事用途。强制访问控制在自主访问控制的基础上，增加了对网络资源的属性划分，规定不同属性下的访问权限。这种机制的优点是安全性比自主访问控制的安全性有了提高，缺点是灵活性要差一些。

3. 基于角色的访问控制（role based access control）

电力数据库系统可以采用基于角色的访问控制策略，建立角色、权限与账号管理机制。基于角色的访问控制方法的基本思想在用户和访问权限之间引入角色的概念，将用户和角色联系起来，通过对角色的授权来控制用户对系统资源的访问。这种方法可根据用户的工作职责设置若干角色，不同的用户可以具有相同的角色，在系统中享有相同的权力，同一个用户又可以同时具有多个不同的角色，在系统中行使多个角色的权力。RBAC 的基本概念包括：许可也叫权限（privilege），就是允许对一个或多个客体执行操作；角色（role），就是许可的集合；会话（session），一次会话是用户的一个活跃进程，它代表用户与系统交互。标准上说，每个 session 是一个映射，一个用户到多个 role 的映射。当一个用户激活他所有角色的一个子集的时候，建立一个 session。活跃角色（active role）：一个会话构成一个用户到多个角色的映射，即会话激活了用户授权角色集的某个子集，这个子集称为活跃角色集。RBAC 的基本模型如图 4-11 所示。

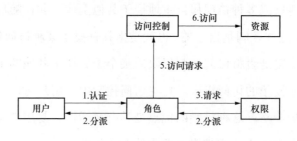

图 4-11　RBAC 的基本模型

RBAC 的关注点在于角色与用户及权限之间的关系。关系的左右两边都是 Many-to-Many 关系，就是 user 可以有多个 role，role 可以包括多个 user。由于基于角色的访问控制不需要对用户一个一个地进行授权，而是通过对某个角色授权来实现对一组用户的授权，因此简化了系统的授权机制。可以很好地描述角色层次关系，能够很自然地反映组织内部人员之间的职权、责任关系。利用基于角色的访问控制可以实现最小特权原则。RBAC 机制可被系统管理员用于执行职责分离的策略。

虽然这三种访问模式在底层机制上不同，但它们本身却可以相互兼容，并以多种方式组合使用。自主访问控制一般包括一套所有权代表（在 UNIX 中为用户、组和其他），一套权限（在 UNIX 中为可读、可写、可执行），以及一个访问控制列表（access control list，ACL），访问控制列表列出了个体及其对目标、组合其他对象的访问模式。自主访问控制比较容易设置，如果出现人员调整或者当个体列表增长时，自主访问控制就会变得难以处理，难以维护；相对而言，基于强制访问控制的执行可以扩展到巨大的用户群；基于角色的访问控制可以结合其他方案，以相同的角色管理用户池。

三、数据挖掘分析技术

数据挖掘技术是通过对海量数据进行建模，并通过数理模型对企业的海量数据进行整理与分析，以帮助企业了解其不同的客户或不同的市场划分的一种从海量数据中找出企业所需知识的技术方法。如果说云计算为海量分布的电力数据提供了存储、访问的平台，那么如何在这个平台上发掘数据的潜在价值，使其为电力用户、电力企业提供服务，将成为云计算的发展方向，也将是大数据技术的核心议题。

（一）混合计算技术

混合计算技术指通过流计算、内存计算、批量计算等多种分布式计算技术满足不同时效性的计算需求。流计算面向实时处理需求，用于在线统计分析、过滤、预警等应用，如电能表采集数据实时处理、电力网络状态实时分析与预警等。内存计算面向交互性分析需求，用于在线数据查询和分析，便于人机交互，如某省用电数据在线统计。批量计算主要面向大批量数据的离线分析，用于时效性要求较低的数据处理业务，如历史电力数据报表分析。数据计算层设计如图 4-12 所示。

1. 统一资源与权限管控

对于各个部门以及下级单位的不同应用需求，通过统一的集群管理，结合资源调度框架，进行计算资源隔离与共享，实现业务以及应用的多租户。

（1）动态部署。可以动态创建和销毁集群，灵活部署业务，适合对非7×

24h 不间断业务动态部署。

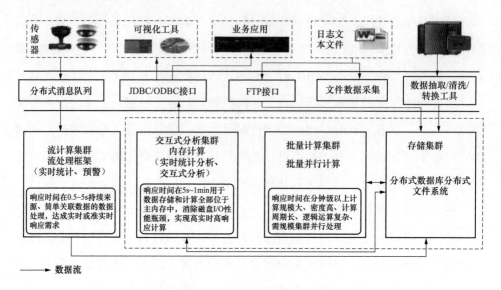

图 4-12　数据计算层设计

（2）资源隔离。通过资源调度器的资源隔离和配额管理，支持对内存计算以及离线计算进行计算资源和内存资源的管理能力，避免使用多个集群时出现的计算资源争抢现象，保证每项业务都能顺利完成。

（3）资源共享。在申请资源配额后，如当前用户的资源受限，可动态调配其他用户闲置资源，当其他用户使用时归还。资源共享调度管理如图 4-13 所示。

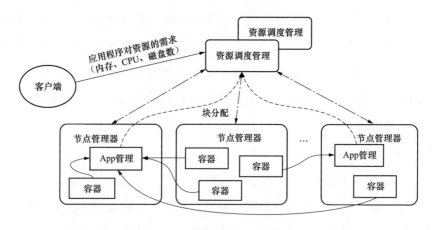

图 4-13　资源共享调度管理

2. 批处理计算

Map Reduce 作为批处理的一种计算框架，用于大规模数据集的并行运算。当海量数据存储在分布式文件系统上后，利用分布式文件系统分块存储的特性，默认将每个块的数据作为一个计算任务并行执行，将 Map 的数据根据 Key 重新洗牌（Shuffle）后，进行 Reduce 计算，最终得到计算结果。Map Reduce 框架的优势在于框架的稳定性，但是在处理性能上由于大量的磁盘 I/O 操作，导致性能比 Spark 慢一个数量级到两个数量级。批处理计算如图 4-14 所示。

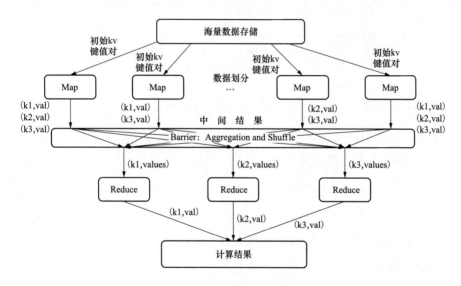

图 4-14 批处理计算

3. 流计算引擎

采用流计算引擎与分布式消息队列结合，能够适用几乎所有的流式准实时计算场景。它的计算模式是将流式计算分解成一系列短小的批处理作业，最小的批处理单元大小（BatchSize）为 0.5～1s。通过测试，流计算集群的吞吐量每个节点达到 20Mb/s，具备批处理系统优点的同时，基本克服了 Hadoop 这类面向离线处理系统的低延迟和无法高效处理小作业的缺点。流计算引擎逻辑如图4-15 所示。

基本特性如下。

（1）毫秒级延迟。

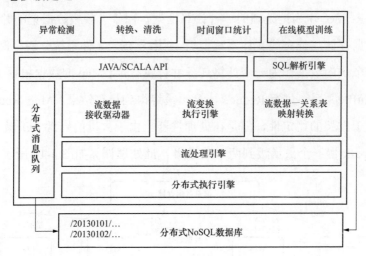

图 4-15　流计算引擎逻辑

（2）窗口统计。

（3）100%消息可靠传输。

（4）数据 Exactly-Once 保证。

（5）在线 SQL-like 查询。

（6）数据同时输出到实时、离线集群。

（7）在线预警与离线精准挖掘结合。

4. 内存计算框架

内存计算引擎采用了轻量级的调度框架和多线程计算模型，相比 Map/Reduce 中的进程模型具有极低的调度和启动开销，消除了频繁的 I/O 磁盘访问，支持将数据缓存在内存中，为迭代式查询优化。

（1）分布式内存缓存。跨内存/闪存（SSD）介质的分布式混合列式存储，内建内存索引，可提供更高的交互式统计性能与计算能力。

（2）SQL 引擎。高速 SQL 引擎，兼容 SQL99、Hive QL 和 PL/SQL 语法，方便应用迁移。

（3）统计算法库与机器学习算法库。并行化的高性能统计算法库，是机器学习或数据挖掘的基础工具包；并行化的高性能机器学习算法库，包含分类、聚类、预测、推荐等机器学习算法。可用于构建高精度的推荐引擎或者预测引擎。内存计算框架如图 4-16 所示。

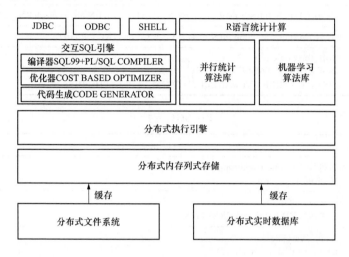

图 4-16 内存计算框架

5. 查询计算

SQL99 与 PL/SQL 支持在数据仓库业务领域非常重要。如果没有 SQL99 以及 PL/SQL 的支持，很难将真实的业务数据分析场景迁移到电力大数据平台中。

传统应用积累了大量 SQL 代码，并且基于 SQL99 规范以及 PL/SQL 的代码改写成本非常高，还有很多场景的 SQL 根本无法改写。

基于分布式数据库的 OLTP&OLAP 能力，提供对索引及 SQL 的支持，使计算更高效。SQL 1999 及 PL/ SQL 语法分别见表 4-1 和表 4-2。

表 4-1 ANSI SQL 1999 支持

序号	ANSI SQL 1999 支持
1	基本和复杂数据类型（Basic and Complex Data Types）
2	s 子表（WITH-AS SUB-TABLES）
3	嵌套子查询（Nested Sub-query）
4	相关子查询（Correlated Sub-query）
5	窗口聚合（Window Aggregation）
6	多维数据集/汇总（CUBE/ROLLUP）

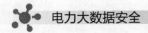

序号	ANSI SQL 1999 支持
7	SEMI-OUTER JOIN，IMPLICIT JOIN，NATURE JOIN，CROSS JOIN，SELF JOIN
8	OPEREATORS including UNION，IN，EXISTS，NOT EXISTS
9	DML for single row INSERT INTO TABLE VALUES… UPDATE TABLE SET VADELETE FROM TABLE WHERE…

表 4-2   **PL/ SQL 支持**

序号	PL/ SQL 支持
1	条件控制语句（Conditional Control Flow） IF ditional Control
2	循环（LOOPS）： FOR，WHILE，BREAK/CONTINUE
3	变量（Variables） DECLARE VAR_ XXX
4	函数定义及调用（Functions definition & calls） CREATE FUNCTION
5	存储过程（Stored Procedures） Create PROCEDURE
6	静态游标（Static Cursor）

（二）分析挖掘技术

数据分析的关键在于支持分布式挖掘算法，提供易于使用的分析建模工具，以方便用户快速构建针对不同业务的分析应用。大数据平台在支持分布式计算的基础之上，通过提供分析建模、模型运行、模型发布等功能，来满足实时、离线应用的分析挖掘需求，为电力企业分析决策应用构建提供基础平台支撑。数据分析功能架构如图 4-17 所示。

数据分析挖掘提供统计分析、多维分析、挖掘算法库、数据挖掘工具等功能，构建面向业务人员使用的数据分析功能组件，同时，增加对大数据分布式计算的支持，满足实时、离线应用的分析挖掘需求。

1. 全面的分析模型及算法库

（1）统计分析。基于内存计算架构，提供多种基本的统计分析算法支持。包括描述性统计和推断性统计。基本统计分析算法见表 4-3。

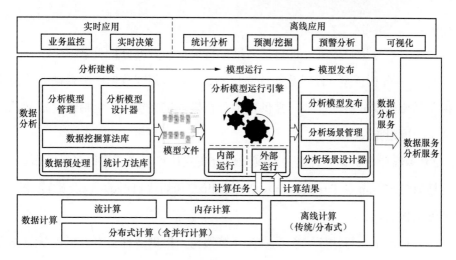

图 4-17 数据分析功能架构

表 4-3 基本统计分析算法

算法	描述
Max/Min/Average/STD	对数据进行预处理时最基本的统计方法,分别用来计算数据的最大值、最小值、平均值以及方差
Normalization	归一化方法是一种简化计算的方式,通过将原始数据转换到某个范围内如(0,1),可以避免不同指标因取值范围的不同,对结果造成的偏差
Screening	可以将缺损值或者异常值选出并剔除,能够保证数据的有效性
RangeSize	统计等于任意值或属于某个区间内的数据总量
Box-plot	箱线图是一种描述数据分布的统计图,利用它可以从视觉的角度来观察变量值的分布情况。箱线图主要表示变量值的中位数、四分之一位数、四分之三位数等统计量
Percentile	计算处于某个分位数上的值,如给定参数 0.5,则返回中位数
Histogram	直方图(Histogram)又称质量分布图,是一种统计报告图,由一系列高度不等的纵向条纹或线段表示数据分布的情况
Binning	通过指定区间数,返回对数据进行均匀分布后的每个区间的取值

1)描述性统计。针对各业务系统中的结构化数据,提供总数、平均数、中位数、百分位数、方差、标准差、极差、偏度、峰度等基础统计方法。

2)推断性统计。推断统计是在描述性统计的基础上,进一步对其所反映的问题进行分析、解释和做出推断性结论的方法。包括方差分析、相关分析、判别分析、因素分析法、贝叶斯定理、趋势分析法、参数估计、平衡分析法、主成分分析法等。

（2）多维分析。多维分析包括多维分析模型和多维分析引擎。

1）多维分析模型。针对分布式文件系统、分布式列数据库中存储的结构化数据，结合多维分析的需求，提供多维分析模型定义功能，包括维度定义、层次定义、度量定义等。

2）多维分析引擎。针对大数据平台分布式计算模式，提供多维分析引擎，满足钻取（Drill-up 和 Drill-down）、切片（Slice）和切块（Dice）、以及旋转（Pivot）等多维操作需求。

（3）机器学习算法库。基于内存计算架构，提供多种基本的机器学习算支持。机器学习算法见表 4-4。

表 4-4   机 器 学 习 算 法

算法	描述
逻辑回归	当前业界比较常用的机器学习方法，用于估计某种事物的可能性。比如某用户购买某商品的可能性，某病人患有某种疾病的可能性，以及某广告被用户单击的可能性等，常用于做分类
朴素贝叶斯	分类算法，常用于做文本分类。该分类器基于一个简单的假定：给定目标值时属性之间相互条件独立。该模型所需估计的参数很少，对缺失数据不太敏感，算法也比较简单实用
支持向量机	支持向量机（Support Vector Machine）是一种监督式学习的方法，可广泛地应用于统计分类及回归分析，具有较高的鲁棒性
聚类算法	K-means 算法是最为经典的基于划分的聚类方法，是十大经典数据挖掘算法之一。K-means 算法的基本思想是：以空间中 k 个点为中心进行聚类，对最靠近它们的对象归类。通过迭代的方法，逐次更新各聚类中心的值，直至得到最好的聚类结果
线性回归	线性回归是利用数理统计中的回归分析，来确定两种或两种以上变量间相互依赖的定量关系的一种统计分析方法，应用十分广泛。在线性回归中，数据使用线性预测函数来建模，并且未知的模型参数也是通过数据来估计
推荐算法	基于内容的推荐方法，根据用户过去的浏览记录来向用户推荐用户没有接触过的推荐项
频繁项集	频繁项集挖掘是关联规则挖掘中的首要的子任务。它主要用于挖掘集合中经常一起共现的元素，如经常被一起购买的商品等
关联分析	关联规则分析，根据挖掘出的频繁项集，进一步挖掘如商品间或消费间的关联规则

（4）挖掘算法库。提供通用数据挖掘算法库和专用分析算法库。

1）通用数据挖掘算法库。针对各业务系统中的结构化数据，提供通用的数据分析挖掘算法，包括描述性挖掘算法，如聚类分析、关联分析等；预测性挖掘算法，如分类分析、演化分析、异类分析等。数据挖掘算法见表 4-5。

表 4-5 数 据 挖 掘 算 法

算法类	算法名	中文名
分类算法	Logistic Regression	逻辑回归
	Bayesian	贝叶斯
	SVM	支持向量机
	Perceptron	感知器算法
	Neural Network	神经网络
	Random Forests	随机森林
聚类算法	Canopy Clustering	Canopy 聚类
	K-means Clustering	K 均值算法
	Fuzzy K-means	模糊 K 均值
	Expectation Maximization	EM 聚类（期望最大化聚类）
	Mean Shift Clustering	均值漂移聚类
	Hierarchical Clustering	层次聚类
关联规则挖掘	Parallel FP Growth Algorithm	并行 FP Growth 算法
回归	Locally Weighted Linear Regression	局部加权线性回归
推荐/协同过滤	Non—distributed recommenders	Taste （UserCF，ItemCF，SlopeOne）
	Distributed Recommenders	ItemCF

2）专用分析算法库。针对各业务系统中存在的大量文本、图片、视频等非结构化数据，提供专用数据分析挖掘算法，如文本分析、图像分析、语音分析、视频分析等算法，见表 4-6。

表 4-6 专 用 分 析 算 法 库

算法类	算法名	中文名
文本分析	Bayesian	贝叶斯
	SVM	支持向量机

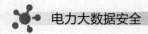

续表

算法类	算法名	中文名
文本分析	Term Frequency-inverse Document Frequency	TF-IDF
	KNN	K 临近算法
图像分析	Fourier Transform	傅里叶变换
	Discrete Cosine Transform	离散余弦变换
	Discrete Fourier Transform	离散傅里叶变换
	Walsh transform	沃尔什变换
语音分析	ANN	人工神经网络
视频分析	—	背景减除法
	—	时间差分法

2. 自定义算法插件

结合特定业务分析需求，提供自定义算法开发规范及接口，包括自定义算法的输入数据格式、算法处理形式（单机或者分布式）、算法结果表示等，如基于 Map/Reduce 框架，研发算法的 Java 实现。

3. 挖掘算法工具

提供分析建模、模型运行、模型发布等功能，为分析建模过程各个环节提供支撑。

（1）分析建模。提供数据预处理、统计方法库、数据挖掘算法库，支持分布式挖掘算法，支持分析模型的管理，并使用模型设计器建立数据分析模型。

（2）模型运行。提供大数据分布式计算能力，进行数据的分析、挖掘。

（3）模型发布。提供分析模型发布、分析场景管理、分析场景设计器等功能，进行分析模型的发布，对外提供数据分析服务。

（三）大数据可视化技术

数据可视化是一种通过将数据编码为可视对象如点、线、颜色、位置关系、动态效果等，并将对象组成图形来传递数据信息的技术。其目的是以清晰且高效的方式将信息传递给用户，是利用人眼的感知能力对数据进行交互的可视化表达以增强数据认知的技术。

数据可视化技术根据不同的可视化原理可以划分为基于几何的技术、面向像素的技术、基于图标的技术、基于层次的技术和基于图像的技术。

（1）基于几何的技术是以几何画法或者几何投影的方式来表示数据，一般将数据以二维平面的方式进行呈现。

（2）面向像素的技术基本思想是将每一个数据项的数据值对应于一个带颜色的屏幕像素，对于不同的数据属性以不同的窗口分别表示，面向像素技术的特点在于能在屏幕中尽可能多地显示出相关的数据项。

（3）基于图标技术的基本思想是用一个简单图标的各个部分来表示 n 维数据属性，适用某些维值在二维平面上具有良好展开属性的数据集。

（4）基于层次的技术主要针对具有层次结构的数据信息，例如人事组织、文件目录、人口调查数据等，它的基本思想是将 n 维数据审问划分为若干子空间。对这些子空间仍以层次结构的方式组织并以图形表示。

（5）基于图像的技术利用虚拟现实技术展示数据空间和空间上的点（数据）。

电力大数据可视化技术根据展示载体的不同可分为桌面可视化、大屏可视化和移动终端可视化三种。根据不同的业务应用需求，通过大数据平台可视化组件库接口及可视化设计器接口，将数据以交互式图形或图表的形式显示在 PC 端的可视化技术为桌面可视化技术，显示在大屏上的可视化技术为大屏可视化技术，显示在手机、平板电脑等移动终端的可视化技术为移动终端可视化技术。

目前，常用的大数据可视化组件见表 4-7。

表 4-7　　　　　　　大 数 据 可 视 化 组 件

序号	名称	描述
1	漏斗图（Funnel）	用于展现数据经过筛选、过滤等流程处理后发生的数据变化，常见于 BI 类系统
2	仪表盘（Gauge）	用于展现关键指标数据，常见于 BI 类系统
3	雷达图（Radar）	高维度数据展现的常用图表
4	饼图（Pie）	饼图支持两种（半径、面积）南丁格尔玫瑰图模式
5	K 线图（K）	常用于展现股票交易数据

序号	名称	描述
6	散点图（Scatter）	散点图至少需要横、纵两个数据，更高维度数据加入时可以映射为颜色或大小，当映射到大小时则为气泡图
7	柱状图（Bar）	指柱形图（纵向），堆积柱形图，条形图（横向），堆积条形图
8	折线图（line）	指折线图、堆积折线图、区域图、堆积区域图
9	箱线图（Box Plots）	用于数据特征统计分析，使用简单的符号，轻松识别差异分布
10	等值线图（Choropleth）	用于地图显示等数值区域
11	圆填充图（Circle Packing）	描述数据层次结构。虽然圆填充图不是树形结构，但它更好地揭示了层次结构
12	矩阵树（Treemap）	使用递归的方法细分区域矩形，表示数据层次关系，树中的任何节点的区域对应于其数值
13	光谱图（Sunburst Partition）	类似 treemap 图。树的根节点是中心，用树干围。区域（或角度，根据实现）的每个弧对应于它的数值
14	力向导图（Force-Directed Graph）	使用带电粒子的物理模型模拟相关特征距离远近关系
15	和弦图（Chord Diagram）	指示一群实体之间的关系
16	聚类系统树图（Cluster Dendrogram）	描述继承关系的节点链路图，树的叶节点在同一深度
17	鱼骨图（Fishbone）	描述发现问题"根本原因"的分析
18	维恩图（Venn diagram）	用于直观展现事件的交集
19	词云图（Wordle Diagram）	词云是关键词的视觉化描述，用于汇总用户生成的标签或一个网站的文字内容
20	叠加区域图（Stream Graph）	用于连续时间序列的可视化
21	子弹图（Bullet Graph）	通过线性表达方式展示单一数据源各阶段精确的数据信息、某项数据与不同目标的校对结果等
22	日冕图（Solar Corona Graph）	用于时变数据的可视化
23	事件河流图（Event River）	常用于展示具有时间属性的多个事件，以及事件随时间的演化
24	热力图（Heatmap）	用于展现密度分布信息，支持与地图、地图插件联合使用

伴随着大数据时代的到来，数据可视化日益受到关注，可视化技术也日益成熟。数据可视化可以帮助人们洞察出数据背后隐藏的潜在信息，提高数据挖掘的效率，可以实现用户与数据的交互，方便用户控制数据，可以将大规模、高纬度、非结构化等数据以可视化形式完美的展示出来。大数据可视化将带来不一样的全新体验。

第四节　数据发布安全

电力数据发布是指电力大数据在经过挖掘分析后，向数据应用实体输出挖掘结果数据的环节，也就是数据"出门"的环节，其安全性尤其重要。电力数据发布前必须对即将输出的数据进行全面的审查，确保输出的电力数据符合"不泄密、无隐私、不超限、合规约"等要求。当然，再严密的审计手段，也难免有疏漏之处，在电力数据发布后，一旦出现机密外泄、隐私泄露等数据安全问题，必须要有必要的电力数据溯源机制，确保能够迅速地定位到出现问题的环节、出现问题的实体，以便对出现泄露的环节进行封堵，追查责任者，杜绝类似问题的再次发生。

一、安全审计技术

电力数据的安全审计是指在记录一切（或部分）与系统安全有关活动的基础上，对其进行分析处理、评估审查，查找安全隐患，对系统安全进行审核、稽查和计算，追查造成事故的原因，并做出进一步的处理。目前常用电力数据的审计技术有如下几种。

1. 基于日志的审计技术

通常 SQL 数据库和 NoSQL 数据库均具有日志审计的功能，通过配置数据库的自审计功能，即可实现对大数据的审计。其部署方式如图 4-18 所示。

日志审计能够对网络操作及本地操作数据的行为进行审计，由于依托于现有数据存储系统，兼容性很好。但这种审计技术的缺点也比较明显，首先在数据存储系统上开启自身日志审计对数据存储系统的性能有影响，特别是在大流量情况下，损耗较大；其次日志审计在记录的细粒度上较差，缺少一些关键信息，如源 IP、SQL 语句等，审计溯源效果不好；最后是日志审计需要对每一台被审计主机进行配置和查看，较难进行统一的审计策略配置和日志分析。

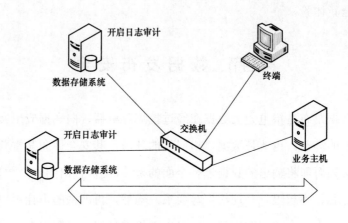

图 4-18　日志审计技术部署示意

2. 基于网络监听的审计技术

基于网络监听的审计技术是通过将对电力数据存储系统的访问流镜像到交换机某一个端口，通过专用硬件设备对该端口流量进行分析和还原，从而实现对数据访问的审计。其典型部署示意如图 4-19 所示。

基于网络监听的审计技术最大的优点是与现有电力数据存储系统无关，部署过程不会给数据库系统带来性能上的负担，即使是出现故障也不会影响电力数据库系统的正常运行，具备易部署、无风险的特点；但是，其部署的实现原理决定了网络监听技术在针对加密协议时，只能实现到会话级别审计，即可以审计到时间、源 IP、源端口、目的 IP、目的端口等信息，而没法对内容进行审计。

3. 基于网关的审计技术

该技术通过在数据存储系统前部署网关设备，在线截获并转发到数据存储系统的流量而实现审计，其典型部署示意如图 4-20 所示。

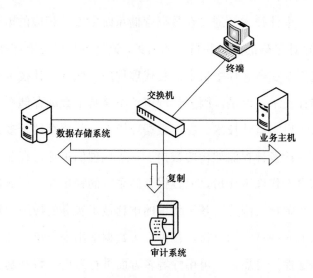

图 4-19　网络监听审计技术部署示意

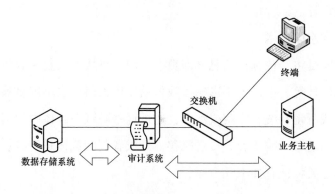

图 4-20　基于网关审计技术部署示意

　　该技术起源于安全审计在互联网审计中的应用，在互联网环境中，审计过程除了记录以外，还需要关注控制，而网络监听方式无法实现很好的控制效果，故多数互联网审计厂商选择通过串行的方式来实现控制。不过，数据存储环境与互联网环境大相径庭，由于数据存储环境存在流量大、业务连续性要求高、可靠性要求高的特点，在应用过程中，网关审计技术往往主要运用在对数据运维审计的情况下，不能完全覆盖所有对数据访问行为的审计。

4. 基于代理的审计技术

基于代理的审计技术是通过在数据存储系统中安装相应的审计 Agent，在 Agent 上实现审计策略的配置和日志的采集，该技术与日志审计技术比较类似，最大的不同是需要在被审计主机上安装代理程序。代理审计技术从审计粒度上要优于日志审计技术，但是，因为代理审计不是基于数据存储系统本身的，性能上的损耗大于日志审计技术。在大数据环境下，数据存储于多种数据库系统中，需要同时审计多种存储架构的数据，基于代理的审计，存在一定的兼容性风险，并且在引入代理审计后，原数据存储系统的稳定性、可靠性、性能或多或少都会有一些影响，因此，基于代理的审计技术实际的应用面较窄。

通过对以上 4 种技术的分析，在进行大数据输出安全审计技术方案的选择时，需要从稳定性、可靠性、可用性等多方面进行考虑，特别是技术方案的选择不应对现有系统造成影响，可以优先选用网络监听审计技术来实现对大数据输出的安全审计。

二、数字水印技术

数字水印是将一些标识信息（即数字水印）直接嵌入数字载体（包括多媒体、文档、软件等）中，但不影响原载体的使用价值，也不容易被人的知觉系统（如视觉或听觉系统）觉察或注意。通过这些隐藏在载体中的信息，可以达到确认内容创建者、购买者、传送隐秘信息或者判断载体是否被篡改等目的。数字水印的主要特征有如下几方面。

（1）不可感知性（imperceptible）：包括视觉上的不可见性和水印算法的不可推断性。

（2）强壮性（robustness）：嵌入水印难以被一般算法清除，抵抗各种对数据的破坏。

（3）可证明性：对嵌有水印信息的图像，可以通过水印检测器证明嵌入水印的存在。

（4）自恢复性：含有水印的图像在经受一系列攻击后，水印信息也经过了各种操作或变换，但可以通过一定的算法从剩余的图像片段中恢复出水印信息，而不需要整改原始图像的特征。

（5）安全保密性：数字水印系统使用一个或多个密钥以确保安全，防止修改和擦除。

数字水印利用数据隐藏原理使水印标志不可见，既不损害原数据，又达到了对数据进行标记的目的。利用这种隐藏标识的方法，标识信息在原始数据上是看不到的，只有通过特殊的阅读程序才可以读取，基于数字水印的篡改提示是解决数据篡改问题的理想技术途径。

基于数字水印技术的以上性质，可以将数字水印技术引入电力大数据领域，解决电力数据溯源问题。在电力数据发布出口，可以建立数字水印加载机制，在进行电力数据发布时，针对重要数据，为每个访问者获得的电力数据加载唯一的数字水印。当发生机密泄露或隐私问题时，可以通过水印提取的方式，检查发生问题数据是发布给哪个数据访问者的，从而确定电力数据泄露的源头，及时进行处理。

第五节 数据脱敏技术

在我国网络化水平持续提高的时候，数据迅速增加，大数据社会正式到来。现在，大数据开始转变为我国重要的资源，对社会治理水平、经济运作制度、社会生活模式带来深刻的影响。在具体应用时期，必须秉持安全和发展共同进行的标准，在全面彰显数据价值的同时，妥善处理数据安全和个人信息保护难题。大数据体现出大量、类型多样、价值高、效率高等诸多特征，因此该系统内包含海量隐私内容，在数据过度使用、互联网攻击等故障频繁出现时，都会导致个人隐私外泄。《中华人民共和国网络安全法》中明确了个人信息保护内容，提出个人信息在采集、应用、管理等不同部分的保护。身为敏感信息基础设施企业，电网企业近期格外关注数据保护活动。当前企业不同信息系统内存储大量数据内容，当中涵盖大量的隐私内容，假如以上数据被外泄，就会直接影响企业的日常运营。利用数据脱敏技术，有助于确保用户隐私信息在交换、测试开发、对外披露等场景中的安全应用。

一、数据脱敏概述

（一）基本概念

数据脱敏（data masking，DM），也被称作数据漂白、去隐私化以及变形。主要表示使用现有的脱敏方式，对敏感内容实施数据变形，在符合系统要求的基础上，针对信息实施改造且正常使用，确保在访问、研发、测试以及相关条件下顺利地应用地脱敏之后的数据集，完成敏感内容的全面保护目标。

（二）数据脱敏需求

在大数据时代重点对全部信息实施全方位的结合，促使数据产生更高的效益。在全面融合各部分信息时（开发、测试、生产、应用等不同部分），怎样保证数据信息的安全性，逐渐转变为信息安全管理、运营维护等有关组织的主要工作。在国家电网公司信息化水平持续提高时，多个系统被使用到现实中，为促使不同系统的数据都发挥出应有的服务，彰显出自身的价值，此时要和外界系统保持密切的联系。然而在进行对接的时候也会导致信息安全风险，此时要针对敏感信息实施脱敏。详细脱敏要求主要是：

（1）避免生产库内的敏感数据外泄。将库内的用户卡号、地址、身份、手机号等核心信息搅乱、混合以后，将有关数据供应给第三方应用，由此避免生产库内的敏感数据外泄问题。

（2）保证数据在研发、测试、应用不同时期的关联性。利用数据脱敏方式和数据脱敏算法，保证脱敏之后信息的完整性（数据内容的含义不会外泄、数据长度不出现改变）、有效性（业务格式以及种类不会出现任何改变）、关系性（表内和表间数据的关联性不会出现改变），最终促使数据在开发、测试、应用等不同部分都可以正常使用，增强整体精准性。

（3）保证数据共享和维护的安全性。利用对多个数据库的访问者设计、执行对应的策略和限制，且针对以上访问者采用的用户名、访问时间、采用的工具种类、IP 地址等实施全流程监管，开展差异化控制，保障被访问信息内容的安全性。

（4）保证敏感数据管理方针政策的合规性。在进行脱敏、处理的时候脱敏规则要达到国家电网公司的数据管理标准，另外需要在企业规则、法规及规定允许范围内开展。

（三）数据脱敏原则

数据脱敏不仅要保证敏感信息被删除，也要全面思考脱敏成本、现实业务需求等条件，数据保护和挖掘之间存在无法调和的矛盾，不仅要全面发掘数据具有的潜在意义，也要保证敏感信息不会外泄。所以，在实施数据脱敏的时候，必须确定具体的范围、业务需求和脱敏之后的实际用途。数据脱敏必须遵守下述标准。

（1）不可逆标准。数据通过脱敏加工之后，敏感信息被删除，此时不能使用技术方式进行复原。

（2）主动防御标准。在进行脱敏的时候，要全面思考同质属性攻击、概率攻击、知识推断以及相似性等不同攻击行为，提高脱敏操作的主动防范水平。

（3）可用性标准。确保脱敏之后信息内容在非原始条件下的可用性，确保信息的真实性。

（4）自主可控标准。脱敏工具设计和工作彼此分割，脱敏规则可以自行分配，保证所有工作的自主性。

（四）数据脱敏方式

脱敏方式是完成目标的重点，通常被划分为可逆类和不可逆类两种。

（1）可逆类方式。脱敏之后数据可以使用相应的方式复原需要的信息。此类方式也许会导致脱敏数据的不正当应用。在现实业务中，最好不采用此类方式。

（2）不可逆类方式。脱敏之后数据无法复原敏感信息，然而此类方式的安全性也无法全面保障。在现实业务中，必须针对脱敏之后的数据安全性开展合理的评价，避免此类方式的不合理应用。

当前，面向个人隐私信息保护，一般使用以下脱敏方式。

（1）时间偏移取整。针对时间随机实施向上（向下）偏移取整，也就是在确保时间数据达到相应分布标准的时候，隐匿原始时间。比如，把时间 20170528 02:04:11，使用日期按照 2 天、时间按照 5s 的粒度实施向下取整，最终获得 20170525 02:04:06。

（2）不可逆替换。采用随机数据针对原始数据实施不可逆替换。比如，把 34567 更换为 cdefg。

（3）不可逆轮询。把原始数据排列为完整的序列，指针朝前（朝后）移动 n 位获得全新的数据。比如，针对姓氏进行百家姓不可逆轮询，李姓根据百家姓排序朝后移动 4 位，更换为王姓。

（4）截断。放弃重要信息，只留存部分数据，确保模糊性。比如，把北京市西城区宣武门东大街#号楼#单元#截断成北京市西城区宣武门东大街。

（5）掩码。针对敏感数据的某些内容使用通用字符（比如"×、*"等）实施集中置换，确保数据只能部分对外披露，可以让信息拥有者轻松辨认。此方式在确保脱敏的时候，也可以确保信息长度固定，是目前普遍使用的方式。比如，手机号码 13803412597（虚拟）通过掩码转变为 138****2597。身份证信息 230154197703284115（虚拟）转变为 230154×××××××4115。

（6）随机化。根据初始数据的突出特点，再次随机产生信息，在某些时候实施加盐（随机盐）操作，增强安全性。以上随机产生的数据和初始数据之间不存在映射关系，所以体现出不可逆特征。

另外，在当前的大数据时期，多源数据研究造成的安全威胁，某些方式不能确保脱敏的实际效果（敏感内容也许会被还原），此时要研究合适的脱敏方式，当前效果比较稳定的方式是 K-匿名。K-匿名模型（K-Anonymity model）是对外披露数据的时候维护个人信息安全的重要模型。在对外披露的信息中，指定标识符（直接或者准标识符）属性值一样的所有等价类最少涵盖 K 个记录，导致违法人员无法直接辨别出个人信息所属的对应个体。此模型也涵盖部分增强概念，比如下述两部分。

①L-多样性（L-diversity）。此部分强调在 K-匿名的框架下，确保每一等价类在对应敏感属性上最少存在 L 个不同数值。

②T-接近性（T-closeness）。此部分是 L-多样性的强化概念，指出所有等价类内敏感属性的位置和数据集中相应属性的位置距离不超过阈值 T。

差分隐私（differential privacy）也是一种数据脱敏的方式。针对数据集 A，设置算法扰动体系，然后获得 A′，之后从原数据集 A 内随意舍弃部分记录获得 B，针对该数据集 B 做扰动获得 B′，假如获得的 A′与 B′得到相同的数据研究结果。此时 A 内的所有独立一行数据是否存在都不重要，该方式体现出强大的隐私保护作用，然而在当前的数据条件下无法轻易实现。

（五）用户隐私信息划分

用户隐私信息的分类必须将数据资产的整合作为前提。利用明确本单位涵盖的数据种类、分布存储状况、数据应用状况、数据流向等，深入研究敏感数据且开展分级分类控制，在以上条件下，辨识以及划分用户隐私数据。

1. 数据分类

电网公司涵盖多个业务组织和单位，当中包含个人信息最多的就是客户服务中心。参考企业客服中心调查数据可知，根据具体业务内容、安全管理以及对外开放共享等诸多特征，把有关数据归纳划分为客户身份有关数据、业务权属数据、业务辅助信息和服务衍生信息四部分。

2. 数据分级

主要标准为：第一，界限清晰。数据分级必须根据数据敏感度做出详细的分类；第二，就高不就低。假如相同批次数据内不同属性或字段的分级存在差异，此时要根据定级较高的属性或字段确定级别，且开展安全控制。

数据分级方式。主要根据数据分类和以上分级标准，根据具体的敏感程度做出详细的分级。此外，为方便对数据实施敏感级别标注，所有级别的数据需要继续划分。

（1）高敏感级数据。此级别数据主要表示内容外泄之后会直接影响信息基础设施与客户因素，导致严重的后果。把牵扯其中的信息基础设施与 VIP 级别客户隐私确定为 H1 级，此级别的数据外泄会导致恶劣的网络安全问题；与客户身份鉴权以及金融类信息相关的内容确定为 H2 级，此级别的数据外泄会导致恶劣的声誉以及财产亏损。根据此部分特点，此时需要采取严苛的技术以及管理方式，创建严谨的数据安全管理方案和数据实时控制制度。避免此级别信息外泄。

（2）中敏感级数据。敏感级数据主要表示外泄之后影响客户隐私以及本部门日常运营工作。把客户标识和资产数据确定为 M1 级，此级别信息泄露，会在一定程度上影响客户声誉以及资产损失；把与单位日常运营有关的信息确定为 M2 级，此级别信息外泄，会影响公司外界形象以及财产。根据此级别特点，需要采取严格管理方案和审批制度。基于特定数据项开展全面的数据脱敏以及客户隐私内容包含。通过脱敏操作之后在内部进行共享，假如没有开展信息外泄评估，就不能对外传送。

（3）低敏感级数据。此级别数据主要表示在外泄之后对单位业务以及客户带来的影响不大。针对此级别数据，把与主要业务有关的数据确定为 L1 级，把和客户有关的低敏感数据确定为 L2 级。此级别数据在通过相应的操作之后，达到有关管理部门审核要求的时候，可以在内部进行共享，避免对外传输。重点是进行数据共享以及传输的具体记载。

3. 用户隐私信息

根据电网企业业务系统数据研究结论可知，当前用户隐私内容被划分为三类，下文对此进行详细的研究与阐述。

（1）用户身份标识内容，重点涵盖 VIP、自然人、网络、部门客户等不同身份标识。

（2）用户身份鉴权内容，重点涵盖自然人身份实体证明、虚拟身份鉴权以及部门身份实体证明等信息。

（3）用户身份辅助内容，重点涵盖有关联系人内容、用户偏好内容、资产有关数据、用户金融数据、档案数据等。

（六）脱敏规则

整合以上研究结论之后，根据数据脱敏标准，以突出的数据脱敏方式为基础，产生电网企业用户隐私信息保护的主要脱敏标准，详细内容见表 4-8。电力用户信息脱敏算法见表 4-9。

表 4-8   用户隐私信息脱敏规则

序号	表名	字段名	敏感数据种类	具体算法
1	ARC_S_APP_WKST	CONS NO	国网客户编号	随机
2	ARC_S_APP_WKST	ELEC ADDRESS	用电地址	地址截断
3	ARC_S_APP_WKST	LINK MAN	中文姓名	百家姓轮询
4	ARC_S_APP_WKST	CONTACT PHONE	客户沟通方式	后 8 位随机
5	ARC_S_APP_WKST	CERT NO	客户证件编码	在第 7 个字符之后 8 位字符（生日部分）掩码

表 4-9   电力用户信息脱敏算法

序号	敏感数据种类	示例信息	脱敏算法	实际成果
1	国网客户编号	1001747256	随机	3587214896
2	具体地址	北京市海淀区××路××号	基于内部关键字进行截断	北京市海淀区
3	用户姓名	张××	对姓做百家姓不可逆轮询，名做掩码	赵**
4	联系方式	13803412437	最终 4 位使用 0000 更换中间 4 位进行掩码	13803410000 138****2437
5	身份证号码	23015419×××××4115	留存前 6 位，对最后 8 位进行掩码	230154********4115
6	IP 地址	192.168.11.21	掩码最后四个字节	192.168.11.**
7	电量信息	35104.68	偏移取整	35000

二、数据脱敏的方式

1. 静态数据脱敏

静态数据脱敏主要是把数据内容实施去敏感、去隐私化操作，此外确保不同数据的具体关联；之后把以上信息传输给第三方企业开展开发检测或数据研究，获得研究结论之后可以通过得到的信息实施回溯。

此方式主要应用在工程开发部门需要得到全部数据才可以完成后续的数据研究工作，针对数据供应方，不想敏感数据外泄。在以上状况下，要使用可回溯的脱敏形式完成操作，最终确保传输出去的内容不涵盖敏感数据。在项目开发结束之后，把研究系统或结果数据回溯为可信的源数据，不只可以确保开发时期的数据共享以及结果相同，此外也可以确保真实数据不会在开发的时候外泄。

此方式通常应用在非生产条件下，或者针对在线信息实施离线脱敏操作。结束之后在非生产条件下应用，重点应用在信息批量外发共享、项目开发检测等。主要环节如图 4-21 所示。

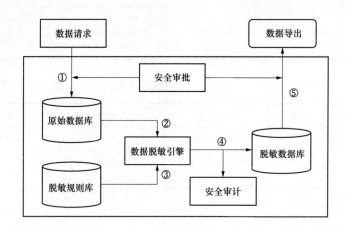

图 4-21　静态数据脱敏流程图

静态数据脱敏核心环节包含：

（1）基于现实需求场景的差异，确定数据应用需求。

（2）根据数据脱敏引擎，了解规则库（具体算法），针对初始数据库内的核心数据和客户隐私内容实施处理。

（3）脱敏之后数据存放在单独的数据库。

（4）基于数据应用标准，按照批次导出脱敏数据。

在数据请求和导出时期，要通过全部安全审核程序，保证所有行为符合要求和规定。

2. 动态数据脱敏

动态数据脱敏主要是指用户在前端应用过程中，利用对后端数据库内的敏感数据实施调取，开展脱敏，之后将脱敏得到的数据传输给前台。也就是针对不同业务系统的敏感数据，在通信角度使用代理部署的形式完成公开、实时的操作。针对数据库内返回的不同类型的动态信息，重点参考用户的实际角色、承担的责任确定具体的身份特点，之后针对敏感数据实施隐匿、屏蔽、加密以及审计，最终实现不同级别用户基于各自身份特征进行访问，且不能更改敏感数据。

此脱敏方式主要是部分遮蔽、可逆脱敏、混合脱敏、同义替换等，通常根据各自的用户身份特点选择和其配套的算法完成脱敏任务。

动态数据脱敏详情如图 4-22 所示。

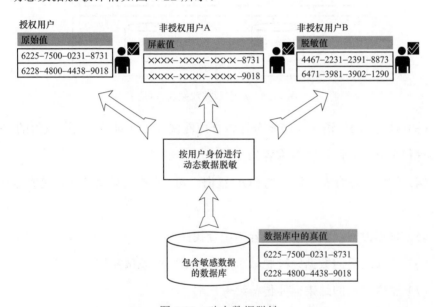

图 4-22　动态数据脱敏

动态数据脱敏通常应用在生产条件下，不更改生产数据库内的初始内容，只针对"输入请求"以及"输出数据"实施脱敏操作，避免敏感数据泄露。该方式可以应用在生产数据的动态查找中，一般和访问权限彼此融合。具体流程如图 4-23 所示。

核心环节为：

（1）用户端填写数据访问申请到 API（参数 $1 \cdots n$）。

（2）系统把具体请求内容更换为 SQL 查询内容。

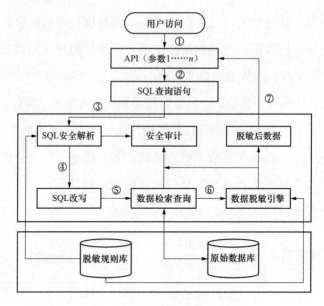

图 4-23 动态数据脱敏流程图

（3）针对 SQL 语句实施安全性、合规性调查（针对存在安全风险的 SQL 语句进行舍弃，且回馈警告内容）。

（4）假如是符合安全标准的 SQL 查询语句，根据脱敏规则库，完成语句内容改写。

（5）根据改写得到的语句内容实施查找操作。

（6）查找之后的数据经过脱敏引擎，完成实时脱敏操作。

（7）脱敏之后的结果需要传输给用户端。

系统不同环节的操作都要开展相应的安全审计，且储存有关网络安全日志。此方式的模块示意图如图 4-24 所示。

图 4-24 动态数据脱敏装备模块图

三、数据脱敏的关键技术

（一）流式数据脱敏技术

流式数据是指持续出现、实时运算、动态增多且要求迅速反映的信息，其体现出大量以及实时性等特征，通常把实时数据处理方式划分为流式数据处理方式，包含 Apache Storm、Spark Streaming 等。

1. 以 Storm 为基础的流式数据脱敏

Storm 是分布式的、稳定的、容错的数据流操作体系。整个集群的输入流主要由 spout 组件负责，也就是 spout 向 bolt 传输数据之后，bolt 传向下一 bolt，或把信息存放到对应的存储器内，其中 Storm 集群是多个 bolt 之间更换 spout 传输的内容。

因为 Storm 的数据操作形式是增量实时操作，所以此模块需要体现出增量数据脱敏租用。在数据并未完成传输的时候，主要使用脱敏模块选取历史信息，根据合适的算法完成脱敏工作，删除敏感词，根据具体规则开展泛化操作。

流式数据脱敏具有的优点是在正式传输时期进行数据操作；主要缺点是不能使用全量数据进行复杂的关联操作。以 Storm 为基础的流式数据脱敏具体流程如图 4-25 所示。

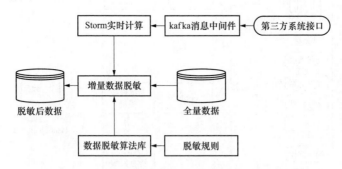

图 4-25　以 Storm 为基础的流式数据脱敏处理流程

2. 以 Spark Streaming 为基础的流式数据脱敏

针对少量处理、需要实施状态运算，且只可以开展单次递送，不需要思考高延迟的内容，此时可以使用 Spark Streaming 开展流式数据脱敏。假如数据拥有者开展机器学习、图形操作或者进入 SQL 数据库，Apache Spark 中的 stack

直接将数据流和部分 library 融合，便于使用者得到方便且高效的编程模型。

（二）批量数据脱敏技术

批量数据接入主要表示数据源自比较平稳的、通常不会改变的存储介质，利用数据扫描的形式直接把数据汇聚到大数据平台，大部分数据是历史数据，数据源通常源自文件、关系型数据库等。操作方式主要是 Flume、Sqoop 等。批量数据脱敏主要在导入环节完成脱敏操作。换言之在数据流入大数据平台之后，使用脱敏程序模块完成操作，大量数据的脱敏主要根据不同数据之间的具体关系，使用正确的算法可以得到良好的效果。

（1）以 Flume 为基础的数据采集形式，主要利用编撰拦截器，在其中调节使用脱敏程序，传输最终的内容。

（2）Sqoop 主要应用在关系型数据库的内容采集，利用创建中间表，编撰用户定义函数（User-Defined Function，UDF）和程序的主要形式，最终利用任务调度程序，批次完成脱敏。具体操作环节如图 4-26 所示。

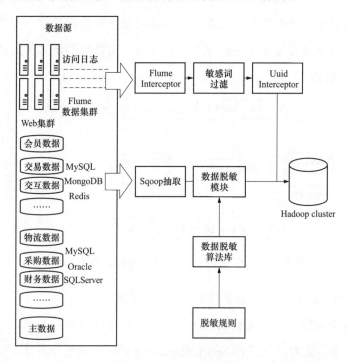

图 4-26　批量数据脱敏处理流程

四、数据脱敏流程的制定

数据脱敏的主要环节被划分为敏感信息发掘、敏感信息整合、具体方案设计、任务操作四部分。根据脱敏必须遵守的标准、数据脱敏的算法和脱敏外部环境，得到最好的脱敏成果。

1. 敏感信息的发掘

敏感信息的发掘主要被划分为人工以及自动两类，下面对此进行研究与探讨。

（1）针对国家电网公司比较稳定的业务信息进行分析，主要使用人工辨别方式，清楚确定哪些列以及库的信息要进行脱敏，通常状况下此类信息的结构和长度比较固定，另外大多数都是数值型以及固定长度的字符。比如单位代码、户号、户名、用电地址等相关列，基于以上数据主要利用人工指定脱敏要求与对应的数据访问方式，确保敏感内容不会外泄。

（2）通过敏感数据信息库以及分词系统，自行辨识数据库内涵盖的敏感内容，和人工辨别方式相比有助于减少任务量，避免遗漏问题。

2. 敏感数据的整合

在辨别敏感数据内容之后，进行敏感数据关系的调节，确保数据之间的正确关联。利用变形、屏蔽、更换、随机、强加密、格式保留加密等不同算法方式，基于多种数据类型开展掩码扰乱操作。

3. 脱敏方案的设计

针对多种数据脱敏要求，在采用脱敏算法之后，选择对应的脱敏方式。脱敏方案的设计通常依赖脱敏策略以及算法的重复使用完成，利用配置以及扩展脱敏算法设计成熟的计划。

4. 脱敏任务的实施

脱敏任务的开启、暂停等，确保任务中断或者正常延续，实现不同任务的并行操作等。

利用数据脱敏体系的创建，完成以大数据平台为基础的脱敏算法库的创建，主要根据数据脱敏的标准顺利且稳定的对敏感数据实施脱敏操作。针对用户隐私内容根据相关脱敏原则创建科学的衡量模型，最终从定量、定性、精准度三方面评估敏感数据可能遇到的外泄风险。使用大数据平台的权限管理系统、用户认证系统、不同级别下隐私数据的权限管理系统，创建针对隐私数据的审批访问制度，此外根据国家电网公司制定的内部规则、法律条文等，进一步避免敏感数据外泄问题，在保障用户隐私数据的基础上，发掘以及研究数据潜在的意义以及价值。

第六节　防范 APT 和电力线攻击

一、防范 APT 攻击

APT 攻击是大数据时期遇到的最严重的信息安全风险，大数据研究技术有助于应对以及解决 APT 攻击行为。

（一）APT 攻击的具体定义

美国标准技术研究中心（NIST）确定 APT 概念为：违法人员利用领先的理论知识以及丰富的资源，利用不同攻击方式（比如网络、物理设备以及欺骗等），在某些组织的信息技术基础设施创建以及转变立足点，盗取私密信息，干扰任务、程序或者部门的重要系统，或者进入到部门内网开展相关攻击行为。

APT 攻击的主要理论和其他攻击方式相比体现出更加高级的特征。其高级性通常表现在 APT 在发起攻击以前针对攻击对象的业务流程以及目标体系开展全面的采集，在采集时，攻击行为自觉发掘被攻击对象受信系统以及应用软件存在的漏洞，在以上漏洞的前提下产生违法人员需要的指令和控制（C&C）网络。此类行为并未使用任何可能会触及警报或引发外界怀疑的行为，所以类似于融入系统。

大数据时期，APT 攻击造成的安全风险更加严重。第一，大数据应用主要进行逻辑或物理方面的归纳与整理，从比较零散的系统中采集到需要的信息内容，整理之后的数据系统可以为 APT 攻击采集信息带来极大的方便；第二，数据发掘时期也许包含多方合作方式，外部系统对数据访问新增避免机密、隐私数据外泄的限制。所以，在当前的环境中，针对 APT 攻击的测试与预防是需要思考的现实问题。

（二）APT 攻击特点和流程

1. 主要特点

（1）强隐蔽性。APT 攻击行为和被攻击主体的可信程序以及业务系统漏洞进行结合，此时部门内部无法轻易地察觉到类似的融合行为。

（2）潜伏周期久，维持时间长。APT 攻击体现出极强的耐心。攻击以及风险也许早就存在于用户系统中，甚至超过一年，它们持续采集需要的信息内容，直到获得核心情报为止。它们甚至不会为了在短时间内得到利益，而是将"被控主机"当作跳板，不断采集与查找，直到全面了解目标对象的应用习惯。因此该攻击行为，属于恶意商业间谍风险。体现出较长的潜伏周期。

（3）目标突出。和传统病毒进行比较，APT 设计人员了解高级漏洞察觉与强大的互联网攻击技术。进行 APT 攻击需要的技术以及资源壁垒，明显超过一般攻击行为。其面向的攻击目标并非一般的用户，而是具有高价值敏感信息的高级别用户，尤其是事关国家以及区域政治、外交、金融发展的敏感信息拥有者。

（4）技术水平高。违法人员了解领先的攻击技术，采用众多攻击方式，包含购置或者独立发掘的 0day 漏洞，但是普通违法人员无法采用以上资源。另外，攻击行为比较复杂，整个过程中违法人员可以自行调节具体的行为，全面控制攻击过程。

（5）风险极大。APT 攻击一般有充足的资金扶持，由实践经验丰富的团队开启，通常以影响国家或规模化公司的主要基础设施为宗旨，盗取重要机密内容，不利于国家与社会的和谐发展。

表 4-10 确定了 APT 攻击和传统攻击形式的主要对比内容。

表 4-10　　　　　　　　　　　　　　对比结果

描述	属性	传统攻击	APT 攻击
Who	黑客	大范围发掘目标的黑客	资金充沛、有规划、有资源的专业团队

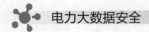

描述	属性	传统攻击	APT 攻击
What	目标对象	在线零售行业以及相关用户	国家核心基础设施、关键部门以及人员
	目标数据	信用卡信息、银行账号、个人隐私等	价值较高的电子资产、比如知识产权、国家安全信息、商业秘密等
Why	目的	得到较高的经济效益，盗取身份信息等	增强国家战略优势、操控市场、捣毁重要设备等
How	手段	传统技术方式、主要攻击安全界限	全面查找企业员工信息、商业服务以及互联网拓扑、攻击终端用户以及设施
	工具	普遍使用的扫描工具、木马	基于目标漏洞设计木马等诸多工具
	0day 工具应用	较少	常见
	遇到限制	转移到其他薄弱设备	寻找其他方式或者工具

2. APT 攻击一般流程

（1）数据调查。在入侵以前，违法人员率先采用技术以及社会工程学方式调查需要操作的目标。调查内容通常涵盖两部分：第一，采集目标网络用户的隐私内容，比如高层管理者、系统工作人员以及负责人的隐私内容，系统管理机制、具体业务环节以及应用状况等主要信息；第二，采集目标网络脆弱点的数据内容，比如软件版本、开放端口等。之后，违法人员基于系统存在的漏洞，进行深入的研究，设计木马程序以及攻击方案，为后续的准确攻击奠定基础。

（2）不断渗透。通过目标人员的漏洞、不按照规则实施操作，使用系统应用工具、网络服务或主机存在的漏洞，采用定制木马等方式，持续渗透最终进入到目标系统。在防止用户发现的时候得到互联网关键设备的管控权。比如利用 SQL 注入等攻击行为打破面向外网的 Web 服务器，或利用钓鱼攻击行为，传输欺诈邮件得到内网用户通信内容，开始进入到高级管理者的主机，使用发送带漏洞的 Office 文件导致用户把一般网址请求目标更换为恶意站点。

（3）潜伏时间长。为得到需要的信息内容，违法人员通常会提前进行漫长的潜伏，甚至长达数年。潜伏时期内，违法人员也可以在已控制的主机上装置不同类型的木马、后门，持续提升恶意软件的复杂程度，强化攻击行为的效果。

（4）盗取内容。当前大多数 APT 攻击目标是盗取组织的隐私数据。

违法人员通常使用 SSLVPN 连接的形式管理内网主机，针对盗取得到的隐私内容，违法人员一般把其加密储存到特殊的主机上，之后挑选符合的时间利用隐秘信道传送给违法人员管理的服务器。因为数据以密文形式产生，APT 程序在得到关键数据之后向外部传输，通过合法信息的传输渠道以及加密、压缩形式，因此无法直接辨认出其和一般流量之间的差异。

（三）APT 攻击测试

从 APT 攻击的整个历程可知，攻击循环涵盖不同环节，因此可以为测试以及防护带来不同契机。目前整体检测方案可以分为下述几类。

1. 沙箱方案

基于 APT 攻击，违法人员通常采用 0day 的方式，造成特征匹配无法顺利进行，所以重点使用非特征匹配的形式进行辨识，智能沙箱技术主要用于辨识 0day 攻击和不正常行为。该技术的主要问题是客户端的多元化，该技术和操作系统种类、浏览器版本、装置的插件版本存在密切的关系，在一定条件下如何测试不到需要的恶意代码，可以更换下其他检测方式。

2. 异常检测

异常检测的主要内容是利用流量建模辨识不正常问题。主要技术是元数据提取方式、以连接特征为基础的恶意代码检测原则，和以行为模式为基础的异常检测算法。当前，元数据提取技术指使用较少的元数据内容，测试整个网络流量的不正常问题。以连接特征为基础的恶意代码测试原则，是测试已知僵尸网络、木马通信的活动。而以行为模式为基础的不正常检测算法主要是检测隧道通信等方式。

3. 全流量审计

此部分的重点内容是利用对全流量的应用辨识与复原，测试不正常行为。主要技术是大数据储存和加工、应用辨识、文件复原等。假如开展全流量研究，遇到的主要阻碍是数据处理量较多。全流量审计和当前的检测产品以及渠道彼此配合，互相弥补，建立了成熟的防护系统。在当前成熟的防护系统中，传统检测设施的功能和"触发器"相似，测试到 APT 行为的痕迹，之后使用全流量

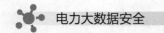

信息开展回溯以及深度研究，可以单纯的解读为

$$A + C_{tr} = C_m$$

式中，A 为全流量审计；C_{tr} 为传统检测技术；C_m 为以记忆为基础的检测系统。

4. 基于深层协议解析的异常识别

此方式有助于清楚地了解到在哪个步骤察觉到协议，比如进行数据查询，有何地发生不正常问题，一直到出现不正常点才可以结束。

5. 攻击溯源

利用已选取得到的网络对象，再次建造时间区间内可疑的 Web Session、E-mail、对话内容。针对以上事件进行排列，有助于研究寻找攻击源。

在 APT 攻击测试中，遇到的主要障碍：攻击时期涵盖路径与时序；攻击时期的大多数行为看起没有问题；并非全部不正常操作都可以立即察觉到；无法确保被测试到的异常出现在 APT 过程初期。以记忆为基础的检测有助于避免以上问题的出现。当前对抗 APT 的主要理念是通过时间进行对抗。由于 APT 需要漫长的周期，因此对抗也需要在较长的时间窗内开展，针对长期、全流量信息开展深入研究。基于 A 问题，主要使用沙箱形式、异常检测方式处理特征匹配的缺点；基于 P 问题，主要把传统基于实时时间点的测试，更改为以历史时间窗为基础的测试，利用流量的回溯以及关联研究了解 APT 模式。其中流量储存和当前的检测技术融合，设计出全新的以记忆为基础的智能检测系统。另外，重点是使用大数据研究的核心技术。

（四）APT 攻击防范策略

当前的防御技术以及体系无法妥善处理 APT 攻击行为，造成大部分攻击甚至在很久之后才被察觉，另外也有大量 APT 攻击并未被察觉。利用上途 APT 攻击环境和具体特征、实际流程的研究，要更改现有的安全观念，也就是舍弃保护全部数据内容的理念，开始着重保护核心数据，此外在以往纵深预防的网络安全保护框架下，在不同环节上安排检测以及预防策略，创建全新的安全防御系统。

（1）预防社会工程。木马侵入、社会工程是 APT 攻击的首要环节，后者需

148

要成熟的综合性方案，不只要参考现实状况，健全信息安全管理方案，比如严禁工作人员在自身微博上披露和工作有关的内容，严禁在社交网站上披露个人身份与沟通方式等；使用全新的检测技术以及工具，提升辨识恶意程序的精准性。社会工程主要通过人性存在的弱点不断进入到更深的层次。所以增强所有工作人员的数据安全观念，是避免社工攻击行为的主要且有效的方式。以往采用的方式是利用宣讲培训的形式增强安全观念，然而并未得到良好的效果，甚至无法影响到听众；而目前可以使用的主要方式是社会工程测试，该方式逐渐被业内人士认可与支持，具有良好的效果，部分规模化企业开始授权专业企业按时在内部开展测试。

大多数社工攻击利用电子邮件或即时消息完成。上网行为管理设施需要避免内部主机对恶意 URL 的不正常访问。垃圾邮件的全面调查，针对可疑邮件内的 URL 链接以及附件需要全面进行调查与测试。部分附件看似是毫无特别之处的数据内容，比如 PDF 或 Excel 格式的内容等。恶意程序融入文件之中，使用的漏洞也没有被披露。一般只利用特征扫描的形式，无法精准进行辨识。目前效果显著的方式是采用沙箱模拟日常环境访问邮件内的 URL 或开启附件，查看沙箱主机发生的具体改变，进而直接测试出恶意程序。

（2）全方位采集行为记录，防止出现监控盲点。对 IT 系统行为记录的采集是不正常行为测试的主要基础。大多数 IT 系统行为被划分为主机与网络行为两部分。目前，更加全面的采集也包含物理访问等部分。

1）主机行为采集。主机行为采集通常支持主机行为监控程序。部分行为记录甚至利用操作系统带有的日志模块进行自行输出。为顺利开展进程行为控制，相关程序一般运行在整个系统的驱动层，假如在实现中存在问题，会直接导致崩溃事故。为防止被恶意程序测试到监控程序，行为监控程序需要尽可能运行在驱动层的底层，然而在底部存在的稳定性危机较为严重。

2）网络行为采集。网络行为采集通常表示利用镜像网络流量，把数据更换为流量日志。主要使用 Net flow 记录作为初期流量日志的代表，涵盖网络层内容。近期出现的不正常行为通常汇聚在应用层，只依靠网络层的信息无法精准研究出具有意义的数据。应用层流量日志的传输，重点是应用划分与建模。

3）IT 系统异常行为检测。根据本节阐述的 APT 攻击行为进行分析，异常行为包含对整个网络的扫描探测、内部存在的非授权访问等。非法外联是指目标主机和外网建立的通信关系，主要被划分为下述三类：

a. 下载恶意程序到主机，该行为不只出现在感染早期，在未来恶意程序升级时会再次发生。

b. 目标主机和外网的 C&C 服务器建立密切的关系。

c. 主机向 C&C 服务器传输信息，外传信息行为类型较多，存在明显的隐蔽性，是导致严重后果出现的主要因素。

二、防范电力线攻击

电力线攻击技术是近期产生的全新跨网络攻击方式。和原本的以声、光、电磁、热等媒介为基础的方式不同，该方式设计出全新的电（电流）隐蔽通道，违法人员利用交流电源线得到物理隔离网络内的内容，具有较强的隐匿性，存在较大的风险。在普通电脑上运作恶意软件，利用调整 CPU 工作负载在电力线上形成寄生信息，之后通过接收器等设施对电力线内的电流实施感知、复原等操作，进而盗取信息内容。

（一）电力线攻击的特征

电力线攻击技术表现出下述特征。

（1）隐蔽性强。恶意软件通过调节 CPU 工作负载线程在电力线上生成寄生信号，由于很多合法进程使用影响处理器工作负载的 CPU 密集型运算，所以该行为把传输线程纳入正常进程中，最终规避检测环节。

（2）攻击距离远。在目标计算机所在的主配电系统中，需要把小规模非侵入式探头联系到计算机的供电电源线或者主配电网络内的主电器服务面板线上，就可以得到需要的信息内容。

（3）风险较大。恶意软件进入系统之后，可以帮助黑客查找目标信息（文件、加密秘钥、令牌、用户隐私内容等）。

以上攻击行为发生之后，彻底改变了大众对电源线的了解，用户在不了解情况的时候，计算机内的敏感数据就跟随电脑的日常运营而传输出去，从供应电力资源的电路进入到黑客的手中。

（二）预防电力线攻击的主要措施

电力线攻击形式比较精妙，体现出较强的隐匿性，怎样科学避免此类攻击行为是科研人员探究的重点。

（1）电力线测试。利用监视电力线的具体电流查看隐匿的传输行为，研究测试结果有助于察觉隐匿的传输方式或其操作行为和标准行为之间的差异。但是，此类方式在使用的时候存在较大的限制，得到的结果不可信。

（2）信号滤波。把电力线滤波器（EMI 滤波器）对接到主配电柜内的电力线，进而约束以及限制因隐蔽通道发送的信息。为有效避免线级 power-hammering 攻击行为，需要在所有电源插座上装置类似的滤波器。因为大部分应用在限制传导发射的滤波器使用在频率较高的时候，而电力线攻击设计的隐蔽通道通常在不高于 24kHz 的频率下传送，因此攻击行为可以直接绕过信号滤波。

（3）信号干扰。软件级干扰处理措施：在计算机系统内随机开启工作负载的后台进程，通过随机信号影响恶意进程的实施，然而也会导致系统功能减弱，无法应用在实时系统中。硬件级干扰处理措施：主要通过专业的电子元件在电力线上规避由外界设施发送的信号，然而在 Line level power-hammering 攻击行为中不具备效果。

（4）以主机为基础的测试。以主机为基础的入侵检测系统（HIDS）以及防御系统（HIPS）会不间断的追查主机的实际运行情况，进而测试出不正常的行为。然而大部分合法进程会直接影响处理器运行负载的运算，所以该测试方式也许会导致一定的误报率。假如恶意软件把传输线程和普通进程结合起来，就可以回避安全检测。

总而言之，当前电力线攻击行为的处理方式较多，但是没有堪称完美的方式，依然需要继续探究，寻找出效果最好的方式。

电力线攻击技术精妙的使用电力线的主要优势，将电作为渠道，巧妙盗取需要的信息，存在严重风险。目前，反恶意软件技术不断出现，通过硬件层以及相关物理媒介的攻击技术，遏制恶意软件的发展。即便如此，攻击技术依然从简单的恶意软件攻击以及硬件攻击发展为软硬件搭配攻击的方式，电力线攻击技术就是如此。其通过恶意软件操控电脑 CPU 负载，且把以上调制数据的结果直接表现到电力线的电流损耗方面，以上"软硬搭配"的攻击方式体现出较强的隐蔽性。

当前，在电力线攻击方面也出现了诸多应对方案，然而都存在一定的缺点与不足。值得关注的是当前的防御方案不是将舍弃计算机性能作为代价，就是将高误报率作为代价规避以上攻击行为，另外双方都无法确保精准率。作为一般用户，必须全面了解计算机内存在的异常进程，装置部分 CPU 核心监测系统，假如出现不正常现象需要立即终止操作。

第五章　电力大数据网络安全保密技术

2018 年 8 月，台积电遇到严重的勒索病毒入侵问题，导致多个地区停产；同年 9 月，Facebook 因为安全系统问题受到黑客入侵，造成三千万用户隐私外泄；2016 年 10 月，美国著名 DNS 企业 dyn 遇到 DDoS 攻击造成国内多地区断网；2015 年底，乌克兰电厂遇到网络安全攻击造成国内多地区停电……

多次出现的特大型网络安全问题表明安全风险持续增多，简单的人力物力投资和设施堆砌无法全面满足新时期的网络安全需求，企业网络安全系统创建也要重视实战效果。此时，在等保 2.0 顺利对外发布之后，我国网络安全开启全新的时期。和等保 1.0 以防为重点的安全理念有所差异的是，等保 2.0 更加重视提前防御、事中反应、事后追查和溯源，更关注审计。在具体保障原则上，更重视实战化，创建以感知预估、动态预防、安全测试、应急响应为重点的主动安全系统。

网络安全根本上是互联网信息安全。从广义层面进行分析，只要是涉及互联网信息的私密性、完整性、实用性、可信性，可控性的有关技术及理论知识都属于安全研究内容。网络安全是牵扯到计算机科技、网络科技、通信科技、密码科技、信息安全科技、应用数学等各方面知识的学科，不只包含互联网信息系统内部安全风险，也包含物理层面与逻辑层面的技术安全。

值得关注的是，电力领域的大数据网络安全属于复杂的项目，不能使用简单的产品或者技术进行处理。主要是由于电力大数据网络安全涵盖不同层面，不仅存在层次分类、结构分类，在防范目标上也存在较大的差异。在层次方面，主要包含链路层、网络层、传输层、应用层等不同部分的安全；在结构方面，不同节点关注的风险因素也存在差异；在目标方面，部分系统侧重于预防破坏性攻击行为，部分系统侧重于调查系统存在的漏洞，部分系统用来强化日常安全防护力度（如审计），部分系统侧重于处理信息加密、认证难题，部分系统侧重于解决病毒预防难题。

当前单个产品无法全面处理所有问题，其和系统复杂性、运行区域及层次存在密切的关系，所以任何成熟的安全系统都需要体现出分布性和复杂性特征，用户要参考个人真实情况挑选符合自身需求的技术及产品。

互联网产生之后逐渐普及到各个领域，大众对其的依赖度持续提升，重视互联网畅通、避免网络安全问题、保障私密信息不被外泄是关注的重点问题，然而因为目标不同，入侵网络、篡改信息及盗取信息的问题频繁发生，大众的信息保密需求在不断增加，随着以上矛盾的日益恶化，需要持续改善与优化现有的安全保密技术。

第一节　电力大数据的网络通信保密技术

一、话音保密通信

话音通信是指传输话音信号的通信技术。当前普遍使用的技术是模拟置乱和数字加密两种。置乱是普遍使用的类型，在采用模拟保密方式的时候学术领域将其称作置乱。模拟保密对模拟话音包含的频率、时间、振幅三部分内容进行加工与更换，改变话音原本的特点，尽量删除其以往存在可供辨别的痕迹，进而实现保密传输话音信号目标。话音数字加密是指将话音模拟信号转变为数字信号，之后使用数字方式完成加密。在此种方式中，话音的最小编码单元不具备特征，所以保密性良好。

1. 模拟置乱技术

模拟话音信号涵盖频率、时间与振幅三个特点，模拟置乱对这三个特点实施部分人为操作与更改，促使原本的话音信号出现彻底的改变，进而完成保密目标。简单的置乱可以被划分为频域、时间域及幅度域三类置乱。假如同时期针对两个或更多域的参数实施置乱，此时将其叫作二维或多维置乱。

（1）频域置乱。主要包含频率倒置、移位、分割置乱，在某些时期是 FFT 谱系数的置乱。核心目标是利用置乱更改话音信号的瞬时功率谱密度的位置，促使不同话音谱特征与最初版本出现较大的改变。

（2）幅度域置乱。也被称作噪声掩蔽，主要理论是把噪声或伪噪声信号重合到话音信号，促使其把可清楚解读的话音信号遮盖起来。初期采用的技术是把留声机唱片播放的音乐，使用电气方式重合到话音信号上。在解密的时候，需要使用精准的同步装置，把重合的信号删除，选取出需要的话音信号。使用噪声或伪噪声信号针对话音信号幅度实施线性调制，可以进一步增强保密度，此时需要使用宽带系统完成，当前的电话设备不能使用。

（3）时间域置乱。主要包含颠倒时段、时间单元跳动窗及滑动窗置乱、时间样点置乱。此类置乱试图利用更改时间单元的顺序，产生奇特的话音搭配，促使话音节奏、能量、韵律出现较大的改变。然而类似的置乱受到一定的限制。第一，导致两倍帧长的时延；第二，时间单元分界点因为吉布森（Gibson）作用形成的踢踏声会显著影响解乱话音。后者即便利用压扩补偿法进行相应的补偿，科学选择置乱时间单元的长度以及数量也是不可忽视的关键问题。部分时间域置乱器使用滚码时段变换方式，使用微处理器可以正确进行存储器选址技术或者 LSI（规模化集成）芯片需要的排序或者倒置，增强保密性。

（4）组合置乱——多维置乱。此部分的类型较多，根据用户的保密需求进行选择。目前普遍使用的方式为下述几类：①频带移位和掩蔽技术的搭配；②倒频和掩蔽；③频带分割和跳变技术组合；④时间和频带分割组合；⑤倒频和频带分割组合。

使用以上技术设计的保密机，通常体现出时段较长以及频带较宽的特征，在频带内部可以全面留存话音信号的能量、韵律、音调等突出特点。所以，不只在主观层面上了解到需要的信息，也可以利用单独的研究设施或仪器清楚辨识出以上已知特点，另外利用拟合处理得到可知的初始话音。

（5）变换域置乱。为实现预期的置乱保密度，需要像已经被验证了的那样，根据模—数—模的置乱体制寻找正确的加密算法。变换域置乱得到的保密程度最高。

2. 数字加密技术

当前，一般使用话音数字加密技术，体现出强大的保密性，主要特征是将初始信号更换为数字信号，之后使用合适的数字加密方式完成预期的保密通信目标。

话音通过数字编码之后转变为最小单元。加密方式通常和话音质量无关，也就是通过加密之后话音质量和编码制度及其速率有密切的关系。

确保话音信号的数字化传送，是创建离散信道的主要工作。话音数字化形式被划分为不同的类型，下文对此进行详细的阐述与解读。

（1）直接数字化模式。数字电话机的主要部分是 A/D 与 D/A 变换，或被称作编/解码。编/解码器一般分为两种调制手段，也就是脉码与增量调制。前者出现时间较长，相关技术完善，复原话音效果好，配套设备单一，主要为是任务量大，数据率一般是 64kbit/s，速率较高的时候使用宽带传输，频率使用率不高。后者电路简便，数据率是 32kbit/s，速率不高，可以抵抗外界干扰，另外有助于改善形式，比如差分脉码调制。增量调制容易进行中转分支以及数码转换，完成多路复用。另外整体成本不高，大多数电路可以在集成电路芯片中完成。

增量调制技术被普遍应用在不同领域，通常包含下述几个部分：

1）高质量数字话音信号的传输和存放。

2）不超过脉码调制码率的数字电话传送。

3）军用低码率电话通信。

4）图像信号编码。

5）单路话音编码以及多路复用。

在规模化集成电路技术的产生和增量调制技术备受关注之后，大量改进方式随之出现。以上形式体现出不同的特点，特别是接连可变斜率增量调制

（CVSD），其不只可以供应比较高的话音质量，此外也可以关注到电路简便以及节约带宽两部分。运作速率在 16kbit/s 时，复原得到的话音清晰度高、可懂性强，且更加自然。运作速率在 12kbit/s 时，得到的结果只会出现细微的边缘失真问题。美国最初在 1972 年将 16kbit/s 的连续可变斜率增量调制技术确定为军用标准，且将其当作重要的话音数字化设施。该技术目前已经被当作外军话音保密机的核心技术方式。使用该技术的保密设备不只具有良好的保密性，此外体积更小，兼容性更强，可以传送话音、文字，也可以开展传真通信，是美军密码和通信技术达成"三化两统一"目标的最佳技术方式与设施。

（2）话音频谱压缩编码手段。对话音频谱实施压缩之后完成再编码。声码器被划分为此类。

总之，脉码、增量以及连续可变斜率增量调制等诸多方式在超短波、特高频段，比如卫星、微波以及电缆线路等类似的高速信道上运作相对轻松。然而在短波波段，因为传输特点以及过载问题，导致其无法保持 64、32kbit/s 或 16kbit/s 类似的速率。此外，在战争时期，卫星、微波与电缆等高速信道变成敌方捣毁的核心目标，捣毁概率较高。所以，灵活、自主、通信距离较远的短波无线信道通常应用在军事领域，发挥关键作用。此外参考当前无线调制解调器（Modem）的开发现状，该工作可以将话音信号的信息传输速率下调到 1.2～2.4kbit/s 甚至更低的速率上，使用声码器技术实现。短波线路的可信度，明显不如普通有线电话线路，所以将声码器技术使用到短波无线电话线路上，可以从根本上增强其工作效率。

众所周知，话音的多余度较高。上文研究的调制方式体现出显著的简便性，主要因素是以上方式基本上没有使用话音具备的较高多余度特征。

西方部分话音通信学者通过深入的探究之后发现，英语话音的真实信息率大概是 50bit/s。然而值得关注的是，信息论仅预估以 50bit/s 编码话音，并未诠释如何进行预估。当前并没有可以正式使用的以 50bit/s 速率运行的实时话音数字化设备。事实上，调低话音多余度以及调低传输话音信号需要的信道容量是目前的最佳方式。重点是根据预期设定的间隔选取，进而只传送话音的核心特点，之后在收端通过以上特点复原原本的话音。一般将以上研究系统称作声码器。也许声码器不是描述话音信号，主要是阐述最佳话音形成模型的部分参数，就是以上参数表征涵盖在信号中的主要话音内容。

专家通过试验表明，使用当前技术设计的以 75bit/s 速率运行的音素声码器系统，也能得到被接受的话音质量，然而会存在比较刺耳的机械声音，讲话人辨识度不高。即便该速率相对接近话音的真实信息率，然而要在 100bit/s 以下速率进行通信，依然需要漫长的研究与实验。

二、数据保密通信

数据通信是指将处理与传送环节结合起来，进而开展数字形式信息的接收、存放、加工与传送，且针对信息流进行控制、校对以及管理的重要通信方式。数据通信和电话、电报通信形式存在的差异是：电话传输内容是话音，电报传输内容是文字或者传真图像，但是数据通信传输内容是数据，也就是由不同类型的字母、数字以及符号代指的定义、指令等。在电报以及电话通信时期，涉及的各方都是人，也就是"人—人通信"，但是数据通信主要是操作员利用终端设施，利用线路和远程计算机，或者不同计算机之间进行信息传输，所以根本上是不同机器进行的通信，也就是"机—机通信"。因为上述因素，数据通信在可信性、传送效率和自动化水平上存在一定的优势。

数据通信系统通常包含数据处理设施、传输设施以及终端设施三部分内容。如图 5-1 所示，了解整个系统的详细构成内容。

图 5-1　数据通信系统的构成

1. 数据终端设备

首先，不同类型的用户数据，比如统计数字、指代特定含义的文字以及符号等，需要转换为二进制数"0"与"1"构成的代码才可以传输给电脑进行操作。因此要求用户把各类初始数据转变为计算机可以辨识的二进制码设施，换言之是数据终端设施。其次，计算机加工之后的二进制码主要利用终端设施更换为用户可以使用的信息（数字、字母、符号等）传输出去。因此终端设施的重点是传输或接收信息的设施，换言之是传输设备，也是"人一机"建立关系的渠道和桥梁。

2. 数据传输设备

设备是数据通信系统的重要构成部分。其中数据传输速率以及差错率都和设备有密切的关系。

数据加密设备主要是指增加在终端设施与调制解调器之间，对传输信息实施数字加密。在开展点对点传输的时候，针对所有数字流进行加密。

三、图像保密通信

基于词典概念可知，"图（Picture）"表示使用手描绘或使用摄影机录制到的人物风景等类似物体，"像（Image）"，表示直接或间接（比如拍摄）获得的人或物的视觉印象。本书研究的图像概念为：表示景物在一定介质上的再现。比如，胶片、电影、传真、电视、电脑显示屏等介质都促使我们获得二维乃至三维视觉信息，也就是得到图像。

利用感觉器官正常采集到的各类信息中，核心内容是视觉以及听觉信息。根据部分专家提出的观点可知，视觉大概占所有信息的60%，听觉所占比值是20%，触觉所占比值是15%，味觉所占比值是3%，嗅觉所占比值是2%。因此可以了解到，视觉信息所占比值较高。与听觉信息进行比较，视觉信息也就是图像信息体现出下述特征与优势。

（1）准确性。相同的内容通过听觉与视觉两种形式得到的信息效果存在较大的差异。后者体现出较强的准确性，出现错误的概率不高，该特征在军事、工业指挥等领域具有不可忽视的作用与价值。

（2）直观性。相同的内容，看图明显更加直接且形象，给人的感受更为深刻，方便认知与理解。换言之，视觉信息得到的效果比较好。

（3）高效率性。因为视觉器官体现出良好的图像辨识性，可以在短期内，利用视觉得到比声音信息更多的丰富信息。比如，在战场中的战士向指挥官上报情况，直接传输地图比口头接受更直接且便利。

（4）不同业务的适应性。在生产力水平持续提升的时候，对通信业务提出更多的需求，通过视觉获得的图像信息可以全面满足信息查找、生活指导、遥感图像、气象预报等不同类型的业务需求。

因为图像信息体现出诸多优势，因此传输、接收图像信息的方式随之增多，功能更加齐全。

为保障电力图像信息内容的安全性，电视图像信号体现出明显的数字化特征，便于使用数字数据加密方式。但是一般电视信号数字化之后会出现带宽展宽较大的问题，比如 4.2MHz 的信号数字化之后速率超过 70Mbit/s，因此必须开展数据压缩。然而也会在一定程度上导致费用较高，或者降低整体质量。所以，之前基本上不会使用全数字化电视图像信号加密方式。在非广播用途的传输过程中，在指标较高的时候也许会使用该形式。

然而，在数字视频压缩编码技术的全球统一标准出现之后，数字视频技术获得较大的进展。率先使用 MPEG1 编码的 VCD 迅速进入到各个领域，此外欧洲开始重视到数字视频广播（DVB），目前设计了成熟的标准，开始被美国、加拿大等国家使用，在一定程度上促使 DVB 进入到更大的领域。另外，MPEC2 编/解码的专业芯片进入到市场，DVD 标准的产生有利于降低总费用，促进数字电视进入到普通家庭生活。

数字电视不仅体现出声音图像的高准确度，也可以达到演播室质量标准，占用的频带较窄等优势，另外也存在突出特点是方便进行视频、音频内容加密，组成条件接入（CA）系统。数字电视 CA 系统可以迅速的对当中存在的视频与音频内容实施加密，只有得到授权的用户才可以解密且进行接收，因此有助于电视内容保密、保障节目知识产权以及广播的正当权益，具有不可忽视的价值。所以条件接入功能在部分情境中不可缺少，普遍应用在军用保密电视、会议、收费电视、科教和专用电视等领域，以上系统有助于信息安全保护以及权益维护，没有得到授权的用户无法观看。

第二节 电力大数据的网络安全保密要求

一、电力大数据面临的网络攻击

（一）被动攻击

主要包含流量研究、监视利用公共介质（比如无线电、卫星等）传输的通信、网络窃听、解密弱加密的数据流、采集辨别信息（比如口令）等手段。此类攻击方式得到对手未来发送行为的预兆以及警报。

表 5-1 主要标注了被动攻击行为的突出特点。

表 5-1　　　　　　　　　　被动攻击行为的突出特点

攻击	描述
监视明文	违法人员利用监视网络采集没有进行保护的数据内容
流量分析	违法人员并未进行信息内容解密，只要查看外界流量形式就可以得到大量重要信息。比如，部分战术通信网正向外延伸，也许表示攻击行动立刻开启
破译弱加密的通信数据	密码研究与破译水平显著提高，比如 1997 年，利用网络协同手段攻击 56bit 的 DES 算法
口令嗅探	采用协议研究器得到口令，进行非法使用进而得到利益

被动攻击无法被轻易察觉，所以提前预防成为重点，避免此类攻击行为的主要方式是虚拟专用网络（VPN）、加密受保护网络和采用受保护的分布式网络（比如物理层面受保护或者带报警设备的有线分布式网络）等方式。

（二）主动攻击

主要包含试图进入或攻击防护系统、使用恶意代码、冒充或私自更改信息等手段。此类行为包含进入互联网枢纽，通过传输时期的信息渗透某环节或攻击正在试图连接某地点的正常远程用户等。此类攻击行为导致的结果是外泄或扩散关键数据信息、拒绝服务和私自更改信息内容等，导致系统受到严重的冲击。

表 5-2 阐述了主动攻击行为的突出特点。

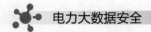

表 5-2   主 动 攻 击

攻击	描述
私自更改传送内容	对传送时期的信息进行更改，也许导致难以复原的伤害
重放	把旧消息再次融入数据中
劫持会话	违法人员在没有得到授权的时候，采用之前建立的通信关系与会话
冒充得到授权的用户或服务器	违法人员利用窥探或其他方式得到正常用户信息，然后利用得到的信息冒充授权用户攻击系统，私自采集内部资源以及数据。此类攻击主要是欺骗服务器得到需要的关键信息
在没有得到授权的时候使用应用程序进行相关操作	各类软件以及操作系统也许有漏洞以及缺点，违法人员通过以上漏洞或者缺点发起攻击行为
骗取主机或网络信任	违法人员通过操作虚拟/远程机器上具有的功能进行传递
使用数据执行	恶意代码主要应用在损坏或更改文件，违法人员把恶意代码（病毒）隐匿起来，装作正常的可以进行下载的软件或邮件，引导用户使用该代码，进而实现攻击系统的目标
插入或通过恶意代码（特洛伊木马、陷门、病毒、蠕虫）	违法人员利用之前察觉到的弱点攻击用户系统，主要使用插入脚本、得到根权限，或使用以太网嗅探等形式完成攻击目标
通过协议或基础设施存在的错误	违法人员通过协议中存在的错误欺骗用户或再次进行通信定向（比较知名的类似攻击行为是欺骗域名服务器）进行未授权远程登录行为；采用 ICMP 炸弹促使设备被迫离线 影响力深远的是源路由冒充信任主机源；TCP 序列号猜测得到访问权限；为进行连接而搭配不同的 TCP 数据分组等
拒绝服务	违法人员采用多种拒绝服务的攻击方式，比如向路由器传输 ICMP 炸弹，导致其不能连接网络；向网络内传播无用信息；向邮件中心传输海量垃圾信息

电力领域应对主动攻击的主要方式是边界保护（比如防火墙）、使用以身份辨识为基础的访问控制、受保护的远程访问、安全管理、自行病毒测试工具、审计以及入侵测试等方式。

下文主要阐述之前出现过的部分知名网络攻击行为。

1. 俄罗斯电网攻击

2017 年，安全研究者针对俄罗斯黑客入侵以及调查美国电力企业的行为进行预警；有关资料表明，威胁行为者的渗透实力甚至可以让其得到真实的控制面板，在电力系统内进行任意操作，最终表现其攻击电网的实力。根据同时期其他备受关注的俄罗斯黑客攻击行为进行分析（比如 NotPetya 勒索软件攻击），电网渗透成为让人警惕的重要讯号。

一直到近几年，美国政府才正式提出俄罗斯政府参加类似活动。2018年2月，特朗普政府第一次正式把NotPetya勒索软件攻击行为，和电网攻击事件归咎给俄罗斯政府，即便该国官员早已提前进行过数次谴责。

即便，俄罗斯是指使者的事情被广为人知，然而白宫的正式承认依旧是不可缺少的关键步骤。当前，我国正式判定的黑客攻击行为体现出更加复杂的特点，电网逐渐转变为其中最弱势的部分，后续的网络场景依然存在较大的风险。

2. 乌克兰停电事件

2015年底，乌克兰西部伊万诺-弗兰科夫斯克地区的民众，在下班之后开始走向回家的路。本地电力供应控制基地，运营维护工作人员开始进行轮班操作。但是，平静即将被改变。工作人员在收拾桌面文件的时候，查看到电脑屏幕上的光标不能正常控制。他眼看着光标开始进行断电操作，但是却无法做任何事情，短暂的时间之后本地区基本处于断电状态。但是，在深受影响的民众拨打电力企业电话的时候，却无法拨通。

乌克兰安全机构立刻对外公布，本次停电并非电力不足造成，而是严重面向电力企业的网络恶意攻击行为。根据该国家TSN电视台消息，违法人员进入到电力企业的监管系统，超过三个电力地区被侵入，国内百分之五十以上的地区、一百多万民众的家中断电。安全部门研究表明，造成该停电事故的"黑手"是被叫作"黑暗力量"（BlackEnergy）的病毒。

通过深入的调查可知，在入侵乌克兰电力系统的活动中，黑客率先使用欺骗方式，引诱电力企业员工下载带有病毒的资料，进而抓住控制计算机的漏洞。之后，黑客远程使用恶意软件将电力企业的主控计算机和变电站断开，确保电源断开；之后，黑客继续进行攻击，导致计算机无法使用，造成工作人员不能立即开展相关维修操作。此外，在进入计算机系统的同时，黑客也开始攻击电力公司的电话通信系统。根据调查结果，停电的时候有几千个电话拨打记录，而目前并不清楚以上电话源自何处。数小时之后，电力公司的工作人员更改系统，开始进行手动操作，进入到不同地区的变电站自定设置断路器，确保电力顺利供应。

网络攻击成为影响地区基础设施安全的重要安全隐患。根据研究报告可知，乌克兰电厂停电是以入侵电力基础设施系统为最终目标的行为。违法人员利用"黑暗能量"等类似的病毒进行攻击，利用远程操作实现断电目标，且阻碍客服电话的正常接通，导致长期停电，继而出现社会恐慌。

英国《金融时报》指出，和传统因为外力破坏或电力设施内部故障导致的停电事故不同，其是第一次因为网络入侵导致的事故，因此值得进行深入的探索，也得到世界各国媒体的重视。

乌克兰电厂停电表现出互联网时期存在的安全风险。电力系统是我国不可缺少的基础设施，事关民生与国家稳定。而违法人员通过控制计算机，损坏电力基础设施，严重影响国家安全和发展。

"就如同我们坐在规模庞大的数字椅子上，你将椅子从我身下抽走，我就不再存在。"牛津大学网络研究基地数据伦理实验室负责人卢西亚诺·弗洛里迪阐述互联网在大众日常生活中具有的价值与作用。但是，智能网络中存在的风险，也开始得到各界人士的关注。

上海纽约大学计算机工程系负责人罗开朗强调，智能网络为违法人员及其组织进行大规模攻击行为带来了充足的条件，违法人员只要进入计算机系统，就能实现入侵行为。专家也清楚地指出，在乌克兰出现的停电故障中，违法人员只要进入地区电网，关闭全部电源，就会造成洪水泛滥、火灾甚至数以千计的死亡。与之前出现的网络攻击事件相同，乌克兰电厂事件的主要操纵者到现在并未受到法律的制裁。表面上风平浪静的互联网世界，也隐匿着数不胜数的风险。

在互联网时期，电力网络安全俨然成为基础设施安全乃至国家安全的关键构成部分。提高电力网络风险应对水平，维护社会稳定是未来国家建设的基础之一。

（三）内部人员攻击

存在恶意与非恶意（非故意或不知情的用户）两类内部攻击行为。恶意攻击主要是指工作人员有预谋的窃听、更改或损坏数据；利用欺骗方式在没有得到授权的时候应用信息，或拒绝其他正常用户进行访问。非恶意行为一般是因为粗心、没有足够的专业知识或在无意识的时候入侵了系统。

因为内部人员了解系统的主要规划和关键信息储存位置，了解已采用的安全防范方案，所以恶意内部人员攻击通常无法轻易检测与预防。

表 5-3 标注出此类行为的突出特点。

表 5-3 内 部 人 员 攻 击

攻击		描述
恶意行为	更改信息或者安全系统	因为工作人员拥有网络使用权限，所以可以采集需要的信息内容。以上访问权限导致违法人员可以在没有得到授权的时候操作或采集信息
	创建未授权网络连接	使用物理访问某密级网络的用户和低密等级或低敏感的网络保持未授权连接。该连接违反多密级网络的安全策略或用户条令以及要求
	隐蔽通道	没有得到授权的通信路径，通常应用在内部朝着远程站点传送私自盗取的数据内容
	物理损坏或者破坏	内部拥有物理访问权限的黑客进入本地系统进行破坏
非恶意行为	更改信息	工作人员没有接受专业训练，不慎更改或者破坏系统数据
	物理损坏或破坏	因为工作人员不慎操作导致的

电力领域预防类似攻击行为的主要方式：增加安全专业培训；审计以及入侵测试；设计成熟的安全方案且贯彻到现实中；对敏感信息、服务以及局域网设定具体的访问权限等。以上预防方式主要在计算机以及网络组件内采用信任技术以及强身份辨识作用完成。

二、电力网络安全保密的基本要求

电力网络安全保密是指维护整个系统的硬件、软件以及数据，避免私自外泄、修改、破坏信息或者未授权访问等，确保互联网系统的正常处理、储存或传送信息，确保系统长久、稳定、顺利的运作，也就是确保网络数据的私密性等，本节对此进行详细的解读与阐述。

1. 保密性标准

通常表示电力信息在加工、存储、传送的时候，避免电力信息在没有得到授权的时候对外披露，包含通信隐匿性、通信对象的无法确定性以及抗破译水平。

（1）通信隐蔽性：违法人员从通信中采集数据内容，重点是确定是否开展通信，假如不了解其是否进行通信，就不能从中采集到需要的数据内容。

（2）对象的无法确定性：通常称作对抗业务流研究，是指即便违法人员了解当前正在开展的通信，也无法了解通信的具体对象。

（3）抗破译水平：违法人员可以查收到信息，但由于信息已经被加密更改而无法了解具体的内容。

电力大数据保密性的以上标准中核心是抗破译性，然后是通信对象的无法确定性，最终是隐匿性。

2. 完整性标准

当前完整性主要针对信息安全来说，其强调电力信息始终维持原样，也就是在保密通信网中储存以及传送的各种电力信息内容的精准性与可信性。避免电力信息被随意更改；针对没有得到授权的信息如果存在私自更改行为可以自主检测与报警，且把全部操作行为撰写到日志中。对储存以及传输时期的信息做出的修改行为是改变、插入、删除、复制等。其次隐藏的修改行为是更改序列号以及重放，以上行为通常出现在信息进入传输信道的时候。

3. 可用性标准

正常使用者进入系统的时候，系统可以供应符合使用者需求的各类服务。例如电力保密电话，可用率高于或者类似于一般电话，正常使用者随时可以进行保密电话，不会影响正常接通率，不需要让使用者做出额外的操作。

4. 可认证性标准

实体提供证实自身身份的信息，避免出现假冒行为。在进行通信的时候，可认证性只针对认证时期的主体进行确认保障，为得到长久的保证，需要把认证服务与信息完整性服务结合在一起。

在供应可认证性服务的时候，重点是避免基于此服务的入侵行为。

（1）避免对认证实体的重放攻击行为。

（2）避免违法人员提出的或响应的延迟攻击行为。

5. 不可抵赖性标准

"抵赖"表示参加通信的一方或两者认为自身并未参加通信。不可抵赖性安全服务可以保留相关证据，为第三方提供其参加通信的凭证。在网络条件下进行讨论的时候：①发送方向接收方传送源证据，主要包含数据传输者身份和最初的传输时间，进而避免其事后拒绝承认发送的行为；②接收方向发送方传输数据项已交付和时间依据，避免收信方以后否认以上接收行为；③审计服务主要验证数据交换时期各方行为的可审计性，该可审计性对各方操作人员、时间及其操作项做出全面的记载，也是事件跟踪调查的主要凭证。

6. 实时性标准

此部分被划分为两种通信类型：第一，原本属于实时通信业务；第二，实时性标准较强的业务。

对当前的电力通信系统来说，传输时延短暂是重要标准，然而不同通信业务对延迟时间短暂提出的标准各不相同。比如，电话、图像等原本属于实时通信服务，因此需要系统体现出显著的实时性。假如电话延时较长，一方说出的话语需要较长的时间才可以传送给对方，对方的回复也需要较长的时间才可以回到本方，此时就违背了进行电话通信的初衷，即便私密性较强，依然无法使用到现实中。活动图像通信，原本是连续播放的画面，但是因为延时增加，成为无法连贯的动作，即便私密性较强也不能全面满足活动图像通信需求。

其次是实时性标准较高的系统，流入电力预警系统等，从测试到数据安全风险到信息外泄，在以上过程中间隔的时间短暂，假如延时增加，就无法及时传输内容，因此会造成电力信息外泄，此时测试得到的风险也无法发挥预期的作用。

7. 可控性标准

主要表示对电力信息的扩散和内容具备管控力，可以测试、监听具体通信内容，防止罪犯通过保密通信做出违法犯罪行为，保障国家与民众的利益，维护社会稳定。

以上监测与监听需要得到有关部门的审核。所以，相关技术也要由政府部门控制，避免违反保密通信规定。

第三节　电力大数据的网络安全保密原理

一、信息网络的标准分层

20 世纪中后期，为确保所有工厂的计算机系统可以利用网络建立联系，世界标准化组织（ISO）商讨且修订了"开放系统联系的 7 层参考模型（OSI-RM）"，也就是"开放系统互连体系结构模型"。整个模型的所有开放网络（也就是不同于供应商的网络）被当作在逻辑层面上由不同顺序的层构成的，每层只为上层供应需要的服务，具体功能主要由本层协议所确定。该模型的不同层次及其实际功能如下。

第一层：物理层——确定网络介质的物理属性。

第二层：链路层——在物理链路上供应稳定的数据内容。

第三层：网络层——管理不同层次的网络连接，供应寻址以及数据传送作用。

第四层：传输层——供应端到端的联系服务。进行错误检测与更正。

第五层：会话层——创建与管理不同程序的具体对话。

第六层：表示层——把数据更换为可以被应用程序彼此认知的约定格式。

第七层：应用层——供应指定网络服务功能需要的协议。

通信保密性的强化需要和开放系统的组网以及协议结合，也就是网络安全的主要部分：安全技术与协议必须遵守开放系统规定，确保计算机网络可以建立密切的联系，增强保密性。

二、网络各层中的安全服务

网络安全是指在不同层次使用多种保密方式实现预期保密目标。因为不同层次的功能特点与安全特点存在较大的差异，因此在不同层次需要制定对应的安全机制以及服务，使用的保密方式也存在明显的不同，不同层次的安全服务内容如表 5-4 所示。

表 5-4　　　　　　　　　　安全服务和层之间的联系

服务	链路层	网络层	传输层	应用层
对等实体辨别	—	●	●	●
数据源发辨别	—	●	●	●
访问控制服务	—	●	●	●
连接机密性	●	●	●	●
无连接机密性	●	●	●	●
选择字段机密性	—	—	—	●
通信业务流机密性	●	●	—	●
带复原的连接完整性	—	—	●	●
不带复原的连接完整性	—	●	●	●
选择字段的连接完整性	—	—	—	●
无连接完整性	—	●	●	●
选择字段的无连接完整性	—	—	—	●
源发方的不可抵赖性	—	—	—	●
接收方的无法抵赖性	—	—	—	●

因为网络安全联系主要通过不同层次之间的具体协议进行，以上协议主要确保网络各部分的安全。协议的产生与健全是网络安全保密系统坚持科学化、合理化发展的主要方式。成熟的安全保密网络系统必须设置加密制度、验证制度与完整性保护制度。

1. 辨别服务

辨别服务主要目标是把不同的开放系统和等层的实体建立关系，或数据传送时期针对对方实体的合法性做出正确的判断，避免假冒。此服务主要包含对等实体辨别与数据源发辨别两部分。

2. 访问控制服务

有效避免没有得到授权的用户私自应用内部资源。以上方式不只可以保护服务此外也能带来用户组（一般是闭合的用户群）。

3. 保密性服务

数据保密服务主要目标是保障不同系统进行信息交换，避免因信息被截获而导致信息外泄。因为开放系统互连参考模型中要求信息传输可以使用连接形式或者无连接形式，所以数据保密服务也存在两类对应的数据保护形式。为增强用户使用的便利性，也具有可选字段的数据保护和通信业务流保护。

4. 完整性服务

开放系统彼此联系的数据完整性服务有效避免违法人员私自更改数据，避免非法插入行为。数据完整性服务可以被划分为不同的类型，比如具有恢复作用的连接形式、不带恢复作用的连接形式等不同类型的服务。

5. 不可抵赖性服务

此服务主要是避免信息发送方在传输信息之后，拒绝承认之前发送过该信息；也避免接收方得到信息之后拒绝承认之前接受过该信息。此服务主要包含源发方与接收方两部分主体。

三、电力行业网络安全保密原理

1. 链路层保密原理

链路层的安全重点是确保网络链路传输的信息不被外泄以及更改，因此在此部分一般使用加密方式，确保违法人员无法采集、更改传送的内容，确保通信顺利。链路加密设施对数据进行现有的加密，重点是针对全部用户数据以及通信协议共同实施加密，用户信息利用通信线路进入到其他节点之后解密。

一般在网络不同节点的统一物理层接口处，增加链路加密设施或解密设施，以上基础设施对经过自身的全部数据实施加密，包含数据、路由内容、协议内容等，因此可以将其使用到所有种类的通信链路上。其次，传输两端之间的所有智能交换或者存储节点，都需要在将数据流以前实施解密。

2. 网络层保密原理

网络层安全保密的目标是把源端传输的分组信息通过多种方式顺利的传输到预定的地点。在通信系统中，网络层是处理端到端数据传送的最底层，其服务和通信子网没有任何联系，此外通信使用的密钥子网数目、种类与拓扑结构体现出一定的隐匿性。网络层保密方式主要把加密操作放在网络层与传输层两者间，加密设施放置在两端，需要参考低三层的协议诠释信息，另外只加密传输层的主要内容。以上加密之后的内容和没有加密的路由信息再次融合，继续传输给后续的层次。

以上操作有助于解决物理层中发生的加/解密难题。利用网络层加密，信息始终维持在加密阶段，进入到预期目的地之后才进行解密。当前加密存在的实际问题是路由信息没有被加密；能力高的密码研究者就能了解到具体的通信主体在什么时候进行通信以及通信时间长度，甚至不需要了解通信内容；密钥管理无法正常进行，由于不同用户都要保证他们和有关人员存在相同的密钥。

3. 传输层保密原理

传输层在不同设施之间产生稳定且可信的信道。传输层是相关被访问服务数据的最低层，以上服务根据每条应用实施调节。在远程访问方面，传输层也存在网络层机制的主要优势与不足——其可以朝着边界保护制度开展接连辨别，允许基于密码辨别获得的身份开展深入的访问控制决策。传输层制度和硬件无关，因此导致它们依靠用户计算机的完整性应对外界风险。

传输层位于通信与资源子网两者之间，承担重要的桥梁功能。在传输层主要完成不同进程之间的安全通信，比较重要的安全协议是 SSL（安全套接层）与 TS（传输层安全协议），以上两种协议主要供应客户机和服务器进行的安全保密、稳定连接，确定具体的应用程序协议（比如，Http、Telnet、NNTP、FTP）与 TCPP 两者供应信息安全性分层的机制，且针对 TCP/P 连接进行信息加密、服务器认证、内容完整性和可供选择的客户机认证。该技术主要完成以不同进程为基础的安全服务与加密传送。一般使用公钥体制身份认证，可以在短期内实现预期安全保护目标。

传输层具有实体认证、访问管理、信息保密、完整性等不同服务，具有诸多优势。

传输层安全保密机制具备的主要优势是和下层链路层以及网络层通信协议不存在任何关系，通常只和端系统保持一定的联系。主要不足是：必须在端系统内进行；只有更改应用程序，才可以带来需要的安全服务。

4. 应用层保密原理

应用层属于整个模式的最高层，其主要通过实体、协议代表服务交换信息，可以利用应用程序以及网络完成互操作任务。

假如加密行为出现在应用层，此时其可以保持一定的独立性，与网络使用的通信结构无关。其依旧进行端端加密，然而加密的进行不会直接影响到线路编码、不同调制解调器之间的统一、物理接口等。假如此部分加密和相应层软件产生联系之后，此类软件在电脑结构与通信系统不同的时候会采用不一样的操作，所以需要了解具体的系统形式，利用软件或者独特的硬件加密设施完成加密。应用层安全保密一般利用访问控制、辨别和认证、信息完整性、信息保密性、可用性无法否认性、审计等不同类型的安全服务完成预期目标，安全服务通常使用加密机制带来需要的服务。加密机制包含公钥证书、密钥交换（公钥加密）、信息加密（私钥加密）、数字签名等不同部分。

数据保密性服务有助于避免内容的非授权外泄问题；完整性主要确保内容不受私自篡改；利用访问控制服务将系统资源的访问权限给予正常用户、程序、进程以及相关系统；使用变比与认证方式明确访问的用户是否符合要求，以及进行用户身份认证；不可否认性服务主要确保收发两者可以确定对方的实际身份，且各方在未来都不能否认之前加工过此部分数据的行为。审计属于重要的保护方式，其能在一定程度上避免影响系统的行为。在测试到可疑问题和对可疑问题进行响应的时候，审计具有不可忽视的影响。

第四节　电力大数据的密钥管理技术

一、基于对称密钥密码体制的密钥管理技术

假如两个用户都想在网络内采用传统加密方式进行通信，此时需要采用相同的密钥，一般技术是独立的密钥对每次独立会话进行处理，一般应用在通信时期。在用户人数多且相对分散的网络中，人工分配会话密钥需要损耗较多的

资源，得到的效率不高。因此通信两者要想得到统一的会话密钥并不简单。

此处，重点阐述与解读所有从集中式密钥分配中心 S 处得到会话密钥的方式，最先由 Needham 与 Schroeder 指出，在后续的发展中不断改善与优化。目前假定所有用户在 S 处记录保密密钥，假如两者都要开展保密通信，此时一方从 S 处得到一会话密钥 K，且把其传输给对方。在进行保密通信的时候都会得到全新的密钥，因此不管是用户或者 S 都不需要储存密钥用户 A 从 S 处得到的密钥 K，可以直接按照下述步骤和其他用户 B 协作使用密钥（见图 5-2）。

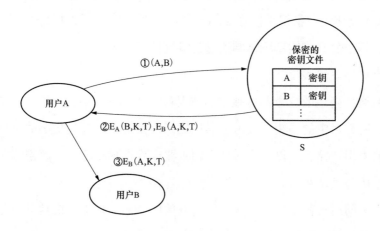

图 5-2　集中化密钥分配协议

具体的分配协议如下：

（1）A 传输给 S 明文消息（A，B），解释两者的身份。

（2）S 传输给 A 密文消息 E_A（B，K，T），C，当前 E_A 采用 A 和 S 的密钥对（B，K，T）实施变换，K 属于会话密钥，T 则是之前的日期与时间；其中 C 是 E_B（A，K，T），当前 E 主要使用 B 和 S 的密钥完成加密变换。

（3）A 把信息 C 传输给 B。

在流程（1），A 朝着 S 传输 ［A，E_A（B）］ 隐匿 B 的身份。但是 A 的标识符无法使用 E 加密，所以当前 S 不了解在与谁通信。

在流程（2），S 主要使用 B 与 A 的密钥进行加密 K，因此 A 能顺利地把密钥传输给 B 且不用了解 B 的密钥。时标 T 有效避免对密钥分发流程的重放攻击。

173

为提高保护力度，整个协议还能扩充 B 和 A 两者的"用户密钥交换"。

（4）B 选取随意的标识符 I，之后传输给 A，$X=E_K(I)$。

（5）A 解密 X 得到 I，且根据提前商定的方式完成后续的变换操作，获得 $I'=f(I)$。之后把 I' 使用密钥加密之后传输给 B，也就是 $E_K(I')$，B 收到之后，解密 $E_K(I')$，且对比结果和预期是否相同，进而判定两者有没有使用一样的会话密钥。

主要使用用户密钥交换协议，A 可以在流程（5）正式向 B 传输加密的信息；假如不使用用户密钥交换协议，此时 A 需要从流程（3）正式进行传输信息。

二、基于公开密钥密码体制的密钥管理技术

重点进行下述假设。

（1）通信两者的各方都有独立的非对称密钥集（KAM），换言之是公钥与私钥对。密钥对中的公钥主要由证书认证部门负责，且通过证书的类型产生，私钥主要由用户储存。以上非对称密钥主要应用在加密环节、解密环节和数字签名的形成与确认环节。

（2）不同用户得到的证书认证部门发放的公钥，以上公钥具有一定的可信度，在当时有效，便于辨别其余公钥证书有没有效力。

1. 实现过程

（1）密钥数据块的内部组成。密钥使用随机形式产生，在通过检验之后，根据相应的格式构成数据块（BC）。

（2）数据和签名的产生。密钥数据无法直接进行传送，要开展相应的加密，在某些时候，也可以增加数字签名，之后将最终结果传输给接收方。接收方得到数据内容之后，根据协议格式完成解析，且利用辨识、验证、解密等相关流程，复原到最初的密钥。

（3）密钥数据的辨别。接收方得到的密钥数据中涵盖之前加密过的数据，因此使用以下形式对密钥数据报文实施辨别。

①在密钥数据使用非对称加密算法加密以及签名的时候，主要使用消息鉴别码形式辨别所有内容。

②在使用非对称加密算法加密之后，报文采用数字签名进行辨别。

（4）对密钥数据的数字签名

为确保密钥符合现实，提供无法否认的安全服务，此时要求采用数字签名。ISO 对外披露了多种签名形式。

①消息变换形式。该方式被称作可复原消息内容的形式。签名及其还原表达为

签名：签名报文＝SKS{报文}

签名还原：报文＝VKP{签名报文}

其中，KS 与 KP 主要是非对称密钥集的私钥以及公钥。

签名通常会施加给被保护的报文。

②独立签名形式。最先使用杂凑函数（HASH）产生报文摘要，之后使用签名算法完成计算，最终把签名前后全部内容放到相同的报文中传输。

（5）计数器的加工。针对包含不同组别的密钥数据，此时要使用计数器，其在密钥分配时期具有深远的影响，设定计数器的主要目标是：①测试虚假的密码服务内容；②测试失序的密钥内容；③在具体指示失步的时候，供应同步业务。

计数器根据密钥管理进行修改设定，其和部分为划分不同数据分组而使用的方式，比如序号没有关系。主要内容使用二进制确定与管理。只能进行递增，不能减少，除非根据相应的规则设置为"1"。

通信两者中的任意一方，需要为发送的报文设定计数器，另外也需要为得到的报文设定计数器。

密钥服务信息（KSM）的收方得到的计数和自身预估数值之间产生的所有差异，都需要被测试，且使用表 5-5 内提出的方式处理该问题。

表 5-5　　　　　　　　　计　数　环　节

接收密钥数据无误时的操作			错误时的操作	
CT＝CR	CT＞CR	CT＜CR	CT＞CR	CT＜CR
接收报文	顺利接收	拒绝接收	设定 CR＝CT	计数器值 CR 固定
	记载错误	记载错误		

续表

接收密钥数据无误时的操作			错误时的操作	
CT=CR	CT>CR	CT<CR	CT>CR	CT<CR
发送 ESM	发出 RSM	发送 RSM CTR=CT CIP=CR	记载 ESM 的问题且做出有效的 应对方式	
CR 增加 1	设置 CRCT+1	发送全新的 RST（D）	过程再次开启或等待 RST	

注 RSM 是 RST 的响应。

在表 5-5 中，CT 是发方对自身传输报文的计数，也被称作发送计数器；CR 是收方得到的计数器，对得到的报文实施计数。ESM 则是差错服务内容；RSM 则是应答服务内容。

2. 密钥消息种类与分发流程

类型主要是对称密码体制的密钥自行配置与管理，在某些时候应用在通信两者所需消息密钥和证书的配置与管理中。具体类型如下。

（1）初始请求服务（RST）。此部分服务主要应用在发起证书交换或者申报全新的数据密钥，当中涵盖发方与收方的具体身份标注，申报的服务种类等内容。

（2）密钥服务信息（KSM）。此部分信息主要应用在两者会话密钥的传输中，当中涵盖两者的具体身份标识和用于完整性检验与信息辨别的信息。另外也可以使用到证书传输中。

（3）应答服务信息（RSM）。此部分信息重点针对初始请求、密钥服务信息的明确，另外也可以使用到证书传输中。其主要涵盖两者的具体身份标识，可以检验完整性，辨别需要的信息，进而明确报文的相关内容。

（4）差错服务信息（ESM）。此部分服务主要应用在中止单个或多个密钥的分配过程。

用户利用大量报文的交换，可以得到需要的密钥。

如图 5-3 所示，解读 B 使用以公开密钥体制为基础的管理方式，得到和 A 通信的主要加密详情。

图 5-3 密钥服务的实例

B 方最先传输 A 方单独的 RST，当中主要包含乙方合格公钥证书（KPB），以上信息申请 A 方传输密钥和具体的公证书。假如 A 方得到的 RST 中存在误差，此时回到 ESM。

A 方产生密钥数据之后，传输 KSM 给 B 方。其中包含乙方合格公钥 KPA 以及密钥信息。假如 B 方顺利得到 KSM，此时使用 RSM 做出应对，假如 KSM 中出现误差，此时使用 ESM 做出应对。假如 A 方得到的 RSM 中出现误差，A 方需要把 ESM 传输给 B 方。

总而言之，整个分配过程并不简单，且存在较多的风险，本部分只是简单的阐述了密钥分配时期的常见过程。在进行设计的时候，需要全面思考各部分因素，包含整个协议的安全性以及实用性、完成协议的算法以及管理算法的参数选择、外界环境需求、付出的成本、各方需要担负的责任等不同因素。

三、密钥管理的实施要点

密钥管理技术产生到现在，逐渐从简单的密钥数据设计与人工发送，朝着系统化、互联网化的密钥管理趋势进发。当前，全新的技术基于网络不同系统的安全联系不断产生，主要将互联网管理形式作为重要方式，主要目标是处理通信网络与信息系统的安全问题，从科技化、智能化、可视化等不同方面、不同角度着手，开展成熟的密钥管理。

1. 自动化管理

在管理模式上，主要是人工管理，朝着网络形式的自动化管理转变，完成密钥"人工"管理到"自动"管理的发展。人工方式使用专业人员护送的方式配置密钥，损耗较多的时间、无法轻易地进行管理。自动化的密钥管理主要利用网络传输的方式自行配置密钥信息、追查具体应用状况，使用不同管理技术方式。

在安全保密设施使用自动化密钥管理的时候，一般要全面思考通信链路的特征、与之相关的可信联系、使用的密码技术以及安全机理。因为通信网络与信息系统之间在内部结构方面存在较大的差异，因此在自动化密钥管理过程中，安全保密设施可以开展不同形式的通信，也许属于相同安全域或者不同安全域，或者采用或不采用可信机构的服务。所以，需要在全方位的探索之后，使用具有不同安全机制的管理通信协议，构建成熟的安全域以及可信机构，最终完成预期的自动化管理目标。

2. 智能化管理

在管理数据的智能研究与优化领域，主要思考使用分布式数据自相关研究方式，利用该方式进行运算以及数据发掘、智能查找与关联关系数据，集合不同网系、不同节点的管理原内容。最终把分散的、底层的设施级管理信息，提高为以完整通信网系为基础的高层管理内容，为工作人员带来高级别的管理实时报告内容。

此外，也可以对整合得到的网络级管理信息开展全方位的研究，根据威胁行为规则，了解密钥管理信息内涵盖的潜藏威胁内容，最终为管理员制定决策时提供合理的参考与意见。比如密钥数据要不要进行更新，安全通道分配是否进行修改，策略要不要进行调节等。

3. 可视化管理

在信息可视化部分，主要思考使用以多粒度为基础的保密设施网络监控技术，设计多种粒度的综合监控方式，利用相同的表达层视图，供应粒度可选择的、图形化的密钥管理信息呈现形式。因此可以把网络全部安全保密设施的运作状态、密钥替换状况等管理内容，从不同设施处集中到不同级别的管理中心，以不同层次、图形化的形式给予管理员，因此工作人员可以在监控室内了解到所有网系不同设施的实时情况。

可视化密钥管理主要牵扯到多种图形化管理信息网络传输，所以需要思考创建以光纤为物理信道的管理信息传输渠道，最终保证管理信息网络传输的顺畅、迅速。

4. 可控化管理

一般来说，安全保密设施配置在完整网系的不同物理方位，甚至会出现失控问题。所以，密钥数据和设施的可控性格外关键，特别是强化在移动条件下的可控化管理。

主要思考使用远程遥控方式，利用有/无线传输信道，从管理基地把指令传输给安全保密设施，全面销毁设施内包含的密码算法、密钥信息、安全策略等主要内容，最终全面弱化以及规避安全风险。另外也可以在安全参数分发的时候，增加独特的控制手段，便于在要求的时间内，可以妥善处理安全参数，如密钥生命周期、策略有效时期等。此外，也可以思考在设备端增加自毁系统，在位于危险环境的时候，销毁比较关键的参数信息。

第五节 电力系统的网络安全

当前电力系统改革持续深化，逐渐从原本的工业体制发展为市场制度，伴随网络信息系统的产生，电力公司的管理水平与生产效率显著提高。然而伴随网络技术的持续更新，网络信息安全逐渐得到各界人士的重视，怎样科学使用网络信息技术，怎样将网络信息技术使用到电力领域，逐渐变成当前必须处理的现实问题。

一、电力系统信息网络安全存在的问题

（1）缺少成熟的制度建设以及信息化结构。在电力企业中，并未全面了解到信息组织的关键作用，部分电力机构都没有设置单独的部门，岗位与制度不成熟，没有全面贯彻到实际中。因为大部分是在生产技术组织下，依附于信息机构，通常只会安排信息化工作人员，导致信息化结构以及机制建设不成熟。作为全新的复杂项目，信息化建设需要由不同部门彼此合作，利用单独的信息化结构促进，进而全面满足市场新需求。

（2）电力企业的网络信息安全存在许多风险。

1）网络安全结构不科学。该问题体现在重点交换系统策划不科学，并未针对网络用户实施分级管理，导致全部用户对信息的操作权限没有差别，也就是所有人都可以干扰网络安全。

2）源自网络的风险与威胁。当前，大多数电力公司的网络和外网保持联系，如此便于公司内部员工在查找信息的时候，可以直接进入到外网上，但是同时其他用户也有可能进入到内部网络，导致电力公司的网络信息安全承受较大的风险。

3）源自公司内部的影响。计算机网络技术在电力领域被普遍使用，造成更多公司内部核心信息出现在网络上，为非法用户盗取公司信息带来方便，导致公司内部信息无序，影响公司的日常经营发展。

（3）网络病毒的威胁。在自动化技术产生之后，需要在调通中心、变电站、用户等各方开展的数据交换逐渐增多，对电力控制系统以及数据网络的安全稳定有了全新的标准，系统承担的压力更加沉重。其次，在计算机被普遍应用之后，病毒与黑客的手段日益增多。在电力二次系统安全防护制度存在漏洞的时候，源自外界有计划的团体、拥有海量资源的违法人员进行恶意攻击，打破安全防护界限，造成电力一次系统问题或大规模停电问题。

（4）管理人员专业能力不高。电力公司是核心工业组织，其"重视建设，忽视管理"的观念比较突出。安全管理制度不科学，造成公司忽视管理人员的职业培训，造成该群体技术能力不高，即便网络安全发生故障，无法立即维护。

（5）电力企业的安全观念弱。电力公司更加关注网络使用效率，在使用计算机网络开展日常工作学习活动的时候，更加重视整体运作效率，并未关注到内部信息安全保护问题。另外也没有投入较多的资金以及精力对系统进行维护，即便发生故障，也无法及时修理，如此造成网络信息系统的安全性始终无法保障，存在较大的风险。

二、电力系统信息网络安全技术应用策略

1. 防病毒侵入技术

此技术可以在一定程度上避免病毒的入侵，因此能避免病毒感染系统内部信息。该方式一般是指计算机下载的正规杀毒软件，搭配安装服务器，按时维修与护理防病毒系统，确保其可以顺利使用。另外，在网关处需要装置对应的网关防病毒系统。换言之，在整个系统内的全部信息模块装置全面防护的正规软件，对不同流程实施防毒操作，且建设科学的管理制度，进而对计算机可能会存在的病毒侵入进行提前预防、测试与处理，此外也需要全面免升级防病毒系统。利用以上方式，可以在一定程度上规避入侵系统的病毒。

2. 防火墙技术

防火墙原本含义是建筑物内用于避免火灾肆虐的隔离墙，此处延伸为确保网络安全的重要防护墙。其也是最近一段时间兴起的用于确保电脑网络安全的重要技术方式，本质上属于单个或多个在不同网络之间进行访问控制的系统，在逻辑层面上位于内部网与外部网两者间，且通过确保内部网顺利安全运作的软硬件构成，主要包含硬件与软件。其供应可以被控制的网络通信，只能进行得到授权的通信。防火墙在网络界限上利用创建的网络通信监控系统确保不同网络彼此分割，进而避免外界网络的入侵。主要用其预防外界网络中存在的各种风险，防止其进入到其他受保护网内。确保安全网络不受外界病毒的影响。

防火墙是包含路由器、主机以及软件等不同部分的完整体，比较典型的是流量包过滤路由器、应用层网关、电路层网关等多个部分。

3. 身份认证技术

身份认证是指用户需要提供其是谁的证据，和密码技术存在不可分割的关系，也是网络安全的关键实现方式。在正常进行的网络通信中，与之相关的各方需要利用不同方式的身份认证机制验证个人的身份，检验用户身份和自身对外公开的是否相同，之后才可以完成对所有用户的访问限制与记载。该技术则是为主机或终端用户创建身份。在互联网中为保障安全，需要让某些网络资源授权给对应的用户，此外限制非法人员访问无权限的互联网数据。

在真实认证时期主要使用，比如口令、密钥、智能卡或指纹等方式检验具体身份信息。在广义概念上，网络一般使用证书授权 （Certificate Authority,

CA），进行代表。在整个互联网中，全部用户的证书由证书授权基地，也就是 CA 中心发放且签名，其中包含公开密钥，所有用户都有独立的密钥和证书对照，此外披露密钥加密信息需要使用对照的私密密钥进行解密。数字签名则是加密技术的重要构成部分。

目前，在电力公司信息网络日益成熟的时候，在电力营销、物资购买、用户服务等环节，电力电子商务都得到良好的应用，且开始转变为电力公司信息网络未来发展的重要方向。其中网络交易的安全性则是未来电子商务普及的重点，在进行网络交易的时候，数字证书转变为参加网络交易行为的重要身份证，需要利用数字证书针对各自的身份完成检验，所以探究身份认证技术有助于电力领域电子商务的稳定发展，具有不可忽视的价值。

4. 虚拟局域网网络安全技术

虚拟局域网技术被称作 VLAN 技术，该技术表示把有关 LAN 正确也划分为多个地区，确保所有 VLAN 全面满足电脑运行需求。因此 LAN 的特征促使其在逻辑层面上的物理分类需要不同地区，在不同工作站上确定特殊的 LAN 网段，所有 VLAN 内的信息都无法和其他 VLAN 进行正常交换，该技术可以在一定程度上管理信息流动，另外可以增强网络控制的便利性，最终增强整个网络系统的安全性。

5. 信息备份技术

电力系统的全部信息在正式传输以前，需要开展相应的备份，另外可以根据不同等级，基于数据的必要性，针对信息开展相应的分级，把以上备份信息集中起来进行管理。另外也需要按时调查备份的具体信息内容，保障数据的真实性，避免在电力系统信息发生问题的时候，因信息外泄导致无法挽回的损失。

对整个电力行业进行分析，网络安全发挥关键作用，有不同方面的因素会直接左右整个系统的信息安全，因此强化信息网络安全管理力度就成为重点。持续发展的计算机技术，为电力系统信息网络安全提供需要的技术支持，所以需要科学使用各部分技术资源，为整个网络系统的正常运行创造和谐的环境，保证电力的顺利供应，为国家经济建设带来强大的技术基础。

第六章　电力大数据信息安全策略

随着云计算、物联网、移动互联网等技术的快速发展，如今全球数据量呈现指数级一样的增长速度。而大数据成为提升信息消费体验的重要手段，渐渐在各个行业和领域得到广泛应用，并开始对社会关系、社会运作和人们的生活方式产生革命性影响。日益尖锐的信息安全问题不仅给我国大数据产业发展带来严重威胁，还时刻影响着国家安全和社会稳定。因此建立可靠的大数据安全体系是迫切需要解决的问题。

无论是商业竞争、黑客攻击，或是企业内部员工和第三方人员的有意泄密等，多数攻击者所攻击的目标都是数据本身。数据往往是企业的核心资产，因此数据安全是企业的核心竞争力，也是信息化的基石和业务的强力保障。怎样保护好数据，将自身数据的商业价值发挥到最大化，是当下数据时代最核心的挑战之一。

第一节　大数据安全分析

一、大数据网络安全案例分析

2014 年，随着网络数据的大量产生，全球企业遭遇了安全噩梦。全球有接近 8 万家企业被黑，其中有 2122 家企业公开确认信息被窃取。全球 500 强企业大面积沦陷，银行、信用卡企业、医院、零售业、保险业、娱乐行业的巨头们纷纷中招，Adobe、Target 等企业被黑客攻击后蒙受了巨大的财产和品牌损失。

在 60%的企业被黑案例中，攻击者仅需要几分钟就可攻击成功；70%~90%的恶意样本都是有针对性的；75%的攻击会在一天内从一个受害者快速地扩散到其他受害者。黑客面对企业的层层安全防护如入无人之境，导致企业大面积沦陷，从而陷入安全困境，其根本原因是企业部署的防火墙、IPS❶和各种网关等传统安全防护产品还停留在兵来将挡、水来土掩的签名防护思路，面对免杀套件、漏洞利用、钓鱼邮件❷、水坑站点攻击❸和沙箱❹检测、逃逸等新型攻击行为已经束手无策。网络攻击已经成为国家对抗、企业竞争中商业情报窃取的重要方式。

发生这一问题的很大一部分原因在于以边界为中心的传统网络安全解决方案正在失效。仅 2013 年一年，就有 60%以上的机构遭受了一次或多次成功的网络攻击。在确认的数据泄露事件中，66%~90%的数据泄露事件并不是由机构所导致的，而是由第三方导致的。

（1）搜狗和小米陷入数据泄露危机，恶意软件肆意横行。2013 年 11 月，搜狗浏览器的用户在网上声称，在使用搜狗浏览器登录自己的 QQ 账户时，可以查看到大量的其他人的 QQ 账号密码，并且这些账号密码都可以直接被拿来登录和使用，这在一定程度上引起了人们对自己数据安全的高度重视。此外，还有不少网民讲述了获取其他用户账号和密码的详细操作步骤，虽然在一定程度上激发了网民对自己数据的保护意识，但是这些信息一旦被那些居心叵测的人看到，便会引发不必要的个人损失。究其原因，搜狗浏览器的自动填表功能是此次信息泄露的罪魁祸首。本来是一项注重用户体验的好功能，但是由于软件架构上的失误，导致服务器收到大量并发的用户请求的时候，其多线程数据

---

❶ 入侵防御系统，是电脑网络安全设施，是对防病毒软件和防火墙的补充。

❷ 指利用伪装的电邮，欺骗收件人将账号、口令等信息回复给指定的接收者；或引导收件人连接到特制的网页，如银行或理财的网页，令登录者信以为真，输入信用卡或银行卡号码、账户名称及密码等而被盗取。

❸ 黑客攻击方式之一，是在受害者必经之路设置一个"水坑（陷阱）"，窃取并向黑客发送涉密资料。

❹ 一个虚拟系统程序，允许用户在沙盘环境中运行浏览器或其他程序，因此运行所产生的变化可以随后删除。

存取机制不够完善，用户在退出搜狗浏览器时服务器会错误地将大量的用户个人信息传到用户浏览器上，这也就是为什么有人可以在自己的浏览器上看到大量的其他人的浏览记录、账号密码等私密数据。这场数据泄露为服务型行业以及重要的数据信息管理企业敲响了警钟，如果对于数据安全仍然不加以重视，一定还会有更大的数据泄露事件发生，损失将会是不可估量的。

小米公司也曾经陷入数据泄露危机。2014 年 5 月 14 日，小米论坛发生用户资料泄露事故，小米数据库在网上被公开下载传播，与小米官方统计的数据吻合，此事涉及 800 万小米论坛注册用户。在小米用户数据泄露事件发生后，大量的诈骗电话开始在社会上出现。不法分子甚至可以针对性地说出接到诈骗电话的用户的详细个人信息及消费记录情况。熟悉网络黑色产业链的互联网安全产业界人士经考察得出结论：小米此次 800 万用户数据泄露事件和黑色产业有很大关系。

移动应用市场的繁荣吸引并聚集了巨大的用户群，同时暗藏着更多更大的数据安全威胁，而且对应用的攻击方式更加多样，危害规模也更广。主要包括针对业务载体的后门木马病毒、个人隐私泄露、版权盗用，针对业务模式的恶意订购等。据不完全统计，国家网络与信息安全技术研究所抽取的 80 余万个安卓平台移动应用样本，累计发现了 7582 个移动恶意应用，总下载量近 1 亿次。另外，有些恶意网站会打着幌子，在用户不知情的情况下自动下载或者安装恶意程序，并通过这些恶意程序对用户在使用手机或者浏览网站时产生的个人数据进行侦听、拦截甚至盗窃，主要包括银行账号密码、社交记录、个人重要的文档等。

（2）360、腾讯以及华为的安全举措。为应对互联网数据安全问题，360 推出了"天眼"计划，可针对政府，以及针对金融、能源、运营商等大型企业，帮助客户发现未知威胁并提供回溯功能。

"360 天眼"基于 360 公司对 11 亿终端实时保护产生的海量大数据，以及全球四大信誉数据库，配合其云端强大的计算能力、可视化分析技术和数据挖掘技术优势，进行自动化数据挖掘与云端关联分析，提前知晓并处理各种安全威胁，并向用户推送定制专属的威胁情报，实现对 APT 攻击的准确判断、快速发现和回溯，还可以根据国内客户特殊应用场景进行灵活部署，实现定制的保护计划。同时结合客户部署在本地的硬件设备，"360 天眼"能够尽早发现未知威胁的恶意行为，并可对受害目标及攻击源头进行精准定位，以及对入侵途径及攻击者背景的研判与溯源，从而降低对用户的损害。

国内拥有数亿用户的腾讯公司是关注用户数据安全的另一大软件厂商。腾讯 QQ 对于用户聊天记录数据的保护采用了自己独立研发的数据传输协议，在数据交互过程中产生的数据包是加密的，即使被不法分子侦听或者拦截了数据包，没有特定的解密密钥，也是看不到用户的具体聊天内容的。这在一定程度上对用户聊天信息数据进行了良好的保护，这也是广受业界好评的"密文数据传输"的最佳体现。

关于"密文数据传输"，可以这样理解：在用户甲和用户乙使用 QQ 进行即时通信的时候，腾讯的服务器就会在会话开始前给甲和乙分发对应的会话期密钥，这样甲和乙在发送消息的时候，数据都会基于这个密钥来进行加密，但是这个加密只有甲和乙知道（其实是甲和乙的客户端的相关解密模块知道），所以甲、乙之间的具体通信内容也只有甲、乙两个客户端才能够解开。即使在数据传输过程中，数据包被侦听或者拦截，也不用担心，因为侦听者没有相关的密钥，无法破解，只能得到一堆乱码数据的明文。腾讯不仅对网络上的数据进行了加密，在客户端也进行了数据加密，来进一步保护用户的数据安全。腾讯对存在于客户端的通信信息进行加密保存，原理与密文数据加密相似，这样就可以保证即使是不法分子盗取了用户的聊天信息，也无法查看用户的聊天内容。在密码保护方面，QQ 使用了 nProtect 技术，为用户的数据安全增添了第三层"保护壳"，其密码保护申诉系统给丢失密码的用户提供了强有力的保障。

华为同样关注数据安全，推出了 CIS 网络安全智能系统，预警和清除针对企业网络的 APT 攻击。此系统依托于大数据平台，对海量的关键流量、上下文、日志以及外部的情报信息进行了大数据关联性分析，及时发现各种可疑行为，预测并报告那些被影响的对象，进而采取特定的举措，来防止 APT 的进一步攻击，达到对危险源的检测、隔离、清除，从而切实有效地对用户的数据安全进行保护。与传统的数据保护方式相比，CIS 能够更快、更准地发现 APT 攻击，更快、更好地保护用户的数据安全。

二、电力大数据安全现状分析

在泛在电力物联网技术发展趋势下，终端类型和结构日趋复杂，网络越来越开放，业务越来越融合，越需要实现端、边、云的安全免疫，任何一个微小的安全漏洞，都可能导致大批风电场和光伏电站陷入瘫痪，或是自动驾驶的电动汽车改变路线，推进能源数据安全监测与防护保障能力建设已迫在眉睫。

随着风电、太阳能等新能源发电量的快速增长，能源系统正向碎片化能源时代转型，碎片化能源将以万物互联、高度智能的形态存在并使其价值最大化。基于这一能源变革趋势，国家电网有限公司提出了建设泛在电力物联网的宏伟蓝图。泛在电力物联网是围绕电力系统各环节，充分应用移动互联、人工智能等现代信息技术、先进通信技术，实现电力系统各环节万物互联、人机交互，具有状态全面感知、信息高效处理、应用便捷灵活等特征的智慧服务系统。

从安全领域来说，纯粹的互联网上很难接触到"端""管"的内容，黑客能够涉及的突破口就是"边""云"。一方面，物联网的传输数据多采纳非 IP 通信协议，缺乏有效的安全防护手段；另一方面，网络入侵手段日趋智能和专业，给网络保险防护带来了新的难题，导致近年来电网领域网络安全事件频发。在能源互联网时代，任何一个微小的安全漏洞，都可能导致大批风电场和光伏电站陷入瘫痪，或是自动驾驶的电动汽车改变路线。目前，电力大数据的安全风险主要体现在以下三个方面。

（1）电力大数据存在数据泄露风险。电力在其整个发、输、变、调、配、用的周期中，每个环节、每个瞬间都在产生海量的数据，如在电网运行过程中通过各类传感器实时或定期获取设备状态信息，仅涵盖主网设备的情况数量级可以达到 TB 级。配网设备数据量更大，种类繁多，随着配网设备逐步集成到设备生产管理系统，数据规模将达到 PB 级；在营销客服领域目前仅用电信息采集一项，每年新增数据约 90TB，客户服务数据全年预增 7TB。

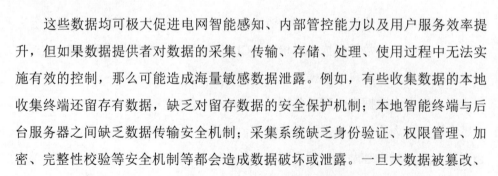

这些数据均可极大促进电网智能感知、内部管控能力以及用户服务效率提升，但如果数据提供者对数据的采集、传输、存储、处理、使用过程中无法实施有效的控制，那么可能造成海量敏感数据泄露。例如，有些收集数据的本地收集终端还留存有数据，缺乏对留存数据的安全保护机制；本地智能终端与后台服务器之间缺乏数据传输安全机制；采集系统缺乏身份验证、权限管理、加密、完整性校验等安全机制等都会造成数据破坏或泄露。一旦大数据被篡改、泄露，将会对电网生产、经营管理、用户服务造成极大的影响。

（2）电力大数据更易成为网络攻击目标。电力作为各国关键基础设施，一旦发生网络战争必然成为网络攻击的首选目标，例如"乌克兰停电事件"以及"震网病毒"攻击伊朗核设施事件。电力大数据好比是一座金矿，有人想从中淘金，有人想往其中灌沙子，这使大数据成为一个可利用又可攻击的载体，一些黑客将恶意软件和病毒代码隐藏其中，达到攻击并篡改、窃取数据目的，最典型的是 APT 攻击。

通过攻击获取电力大数据价值信息，可以分析出攻击目标所在地的用电分布、关键信息基础设施的位置，篡改关键节点监测预警信息、操作指令等关键数据，造成电力系统故障或重大安全事故。

同时，电网是公用事业企业，服务于社会大众，如涉及客户的大数据保护不当被攻击，如用户电量、电话号码、家庭地址等敏感信息被泄露，均会对社会公众安全产生负面影响。

（3）电力大数据安全管理是最突出的风险。数据安全管理问题，是国内应用大数据面临的最突出风险。虽然将海量数据集中存储，方便了数据分析和处理，但由于安全管理不当所造成的大数据丢失和损坏，则将引发毁灭性的灾难。

由于新技术和新业务发展，对隐私权的侵犯已经不再需要物理的、强制性的侵入，而是通过各类数据以更加微妙的方式广泛衍生，由此所引发的数据风险和隐私风险，也将更为严重。

2016 年，某电网在推行网上增值业务的时候，第三方服务公司通过地方供电所提供的信息，开展业务代办服务，间接实现了信息收集，导致大规模数据泄露事件发生。

而数据安全管理机制和信息监管的缺乏，导致数据所有者无法明确在信息记录的后台，有谁记录了信息，下载了数据，使从收集到生产、分析、发布等各个环节都没有数据隐私保护，电网用户的信息安全受到了极大的危害。

4G 改变生活，5G 改变社会。5G 低时延、高可靠、大带宽的特性，感知泛在、连接泛在、智能泛在的特点，是构建网络强国的基石，通过 5G 技术结合云计算、大数据、人工智能技术对物理世界的数字化映射，使得电网基础设施、人员及其所在环境信息的识别、感知的泛在互联成为可能，实现电力信息传感设备与通信信息资源结合，将传统电力生产、传输、消费的所有环节信息化，推动电网与互联网深度融合。

泛在电力物联网是能源互联网实现信息互联的基础，贯穿电力系统发、输、变、配、用等各环节，遍布全社会各个角落。要顺应能源革命大势，建好泛在电力物联网，安全防范数据，构建整体网络安全防护体系，才能更好地服务电厂，才能提升客户用电智能化水平，进而到 2024 年建成泛在电力物联网，实现负荷与可再生能源的互动。

第二节　加快电力大数据的信息安全体系建设

根据统计，全球企业 2014 年报告的信息安全攻击比 2018 年同比增加 48%，攻击次数大约为 4280 万次。单在亚太地区，由于信息技术安全攻击导致的损失就增加了约 22%。

随着大数据的应用范围越来越广，其重要性也得到了越来越多的认可，但是大数据的安全问题却又给大数据的应用带来许多问题和挑战。在现代网络环境下，网络安全问题是不可避免的。无论数据是被黑客监听和盗取，还是被恶意代码破坏，最终都会回归到安全体系如何建设这样一个根本安全问题上。

一、大数据信息安全体系建设现状

黑客、水马、网络水军以及非法网站充斥着当今的网络世界，越来越多的

电力大数据安全

用户信息遭泄露。每天有大量的服务器遭受攻击。随着网络攻击技术的革新和多元化，传统的网络防御技术已经不能应对新的攻击方式。进行 0day 攻击的案例逐年增加，APT 攻击方式越来越复杂化，多种攻击方式并用也屡见不鲜。随着网络 IP 化、IPv6（Internet Protocol Version 6，一种互联网协议）、云计算、物联网等新技术的快速发展和应用，都使得信息安全面临极大的挑战，电力行业迫切需要新的安全体系维护网络的安全和公正。主要的原因有以下四个方面。

（1）大数据的特点决定。大数据具备数据体量大、数据类型繁多、价值密度低和处理速度快四大特点。在电力大数据的发展过程中，除了面临以往传统互联网时代所有的信息安全问题外，还因自身的四大特点使其面临更加严峻的信息安全保护问题。第一，个人信息数据种类多样，电力信息平台每天都能产生大量各种各样的数据，管理员无法完全对所有信息进行分类和逐一保护；第二，数据的收集是盲目的和不可见的，这使得在收集数据过程中会收集到用户的隐私数据，而在大量的数据中无法辨别数据是否是隐私数据；第三，开源的开发环境、频繁的迭代升级、轻量化的快速部署和规模复制、分布式、非关系型数据存储，容易使电力企业在源头上忽视个人信息安全问题；第四，大数据集群保障了快速的处理特点，但其自我组织性和自由开放性使用户与多个数据节点同时通信互联，容易导致数据节点被渗透、被攻击，甚至产生信息数据"脱裤"等整体泄露事件；第五，在数据进行分析利用后，往往将大量的看似毫无价值、碎片化的个人信息数据随意丢弃，容易导致被其他企业或是不法分子进行广泛收集和合成分析后变成其所用的高价值数据。

（2）我国在大数据方面的法律规制不健全。我国现有的法律条例在保护大数据个人信息方面存在以下问题。一是缺乏权威性，没有统一的法律规制来维护公民的个人信息权益，虽然全国人大、政府、有关部委已发布了一些法规条例，但因其效力等级不高、惩罚力度过小、适用范围有限，对产业链参与者的权利与义务不明确、不清晰，因此难以保护个人信息权利和保障信息的自由流通。比如全国人大常委会《关于加强网络信息保护的决定》主要面向信息应用服务提供者和网络通信，工业和信息化部《电信和互联网用户个人信息保护规

190

定》主要针对互联网服务提供商和通信行业。二是缺乏系统性，没有站在大数据产业链全生态流程的高度整体思考和系统设计法律规制，使得产业链各个生态环节都可以肆意获取、分析、存储、开放、整合和应用数据，甚至产生有组织的地下个人信息数据输出利益链。如现行法律条例通常规定收集公民个人信息应遵循知情、同意原则，但是既没有考虑收集环节之后的后续利用、交易等事项要告知公民等情况，也没有清晰界定是否属于过度收集个人信息、超出目的使用个人信息等问题。三是我国现有的个人信息保护方面的法律法规与欧美等国家统一立法的法律规制存在一定差距，容易导致在与国际社会交流合作过程中丧失主动话语权，甚至容易产生贸易壁垒。

（3）大数据个人信息安全缺少统一监管和行业自律。虽然电力行业已渐渐开始利用大数据进行经营管理，但我国不论是在政府监管还是行业自律方面均已严重落后于当前大数据发展的新要求。一是国家没有建立统一的、有效的针对电力大数据个人信息安全的监管体制，尽管部分与个人信息保护相关联的部委都应负有监管职责，但因其没有设立专门的监管机制和建立有效的认证体系，因此尚未形成可操作的监管制度，这使得当前政府监管实际上还处于多头管理、各自为政、监管手段有限的局面，甚至还存在无效监管、无序监管、无人监管的状况。二是电力行业没有形成应有的自律机制。首先行业组织、企业和机构没有自律意识，缺乏信息数据保护方面的自主性，更没有制定和发布本行业的个人信息保护标准和准入制度，行业内互相监管几乎缺失，大数据个人信息保护最具效力、成本最低的行业自律和行业内互相监管等法宝也难以发挥其真正效能和作用。

（4）我国大数据安全技术体系难以防范个人信息安全问题。一是我国电力大数据体系建设所使用的计算芯片、操作系统、虚拟软件等核心技术基本来自国外，容易被掌握核心技术的组织或国家植入后门，甚至被不法分子有组织地利用。二是现有的安全防护体系仍停留在传统互联网时代的思维模式，当前主要对大数据个人信息防护技术仍采用防劫持、防篡改、防攻击与安全漏洞整改等基本传统手段，这些都属于被动的威胁防御思想，此类防护技术应用到大数据个人信息保护方面只能针对数据保护中的某一个环节，不能实现广度和深度防护，而大数据环境下个人信息安全保护要求必须对全应用场景、全业务流程和全生命周期进行体系化的技术防护，现有的安全技术防范体系根本无法满足其要求。

因此，建设大数据时代个人信息安全保护体系要求国家要站在高处，长远打算，统一部署，全面布局。

二、大数据信息安全体系分类

1. 基于 P2DR 安全模型的安全防护体系

早期的安全体系建设是基于 P2DR 模型，可以将其分为策略、防护、检测和响应四个部分。

（1）策略：根据风险分析产生不同的保护方法来保护不同类型或不同用户组的数据。对数据进行分类保护，策略是安全模型的核心。

（2）防护：通过定期修复和维护系统，对系统进行升级以提高预防安全事件的能力；对用户和管理员进行培训使其能正确使用系统；使用各种防护技术来遏制恶意威胁。

（3）检测：对威胁的防御能力提升和活动性响应的依据。安全系统不断地检测当前网络，新的威胁就会被检测出来，这种不断循环的检测能够发现许多威胁，时刻监测网络是否遭受攻击，然后将结果返回给系统。

（4）响应：一旦入侵或者非法操作被检测了出来，事件处理过程就开始工作。响应包括两种，一种是紧急响应，另一种就是恢复响应。

这个安全体系的优点是安全被视作一个整体，而且由于本体系基于风险评估理论，安全问题由于响应和策略变成一种闭环形式。该安全体系的缺点是没有把握住安全的本质，属于网络安全初级阶段的产物。

该安全体系催生了一系列人们现在所熟知的入侵检测、防火墙等安全防护措施。

2. 短板效应下的安全体系

安全威胁不断增加，安全体系越来越不能满足保障网络安全的需要，这时候安全的本质开始被挖掘，顺应这种趋势，以水桶理论为根据的安全防护体系应运而生。

短板理论也称为木桶理论，已经为人们所熟知。由于安全体系最薄弱的一环决定整个安全体系的安全性能高低，故整个安全体系的重点就是寻找整个网络的每一个安全边界，然后对这些安全边界着重保护，防止整个体系中短板的出现。

安全行业近十年都是靠这种防止短板的方式进行安全防护，保护安全边界，使用专业的工具来确定网络入口的安全边界，用高性能的查杀工具确定终端的安全边界，用能够加固的系统确定服务器的安全边界，用标准化的制度管理约束来确定人员管理的安全边界。

传统的安全防护思想是通过确定安全边界，保护短板来为用户构建一个完整的如同长城般的网络防护体系，但是攻击却是点对点的，任何一点被攻破或者发生信息泄露，整个安全体系就会土崩瓦解。因此基于目前的理论基础，安全体系建设这个过程就是一个耗费大量人力物力，但没有什么成效的事情。从而会使建立可靠的安全系统极其昂贵。

3. 基于大数据和云计算的新一代安全防护体系

上述有着水桶特性的安全体系思想属于被动的消极防御思想。事实上，真正有效的安全体系是根据主动监测入侵者的活动，对可疑的信息分析汇总。即安全边界不管有多少，潜在的威胁只能通过由内向外或者由外向内进行入侵，其中由外向内进行入侵的典型事件是 APT 攻击事件，由内向外的经典事件是 U盘病毒的扩散。所以理论上来看，只要解决这两种入侵方式，就能够以最小的安全成本解决企业最大的安全问题。而基于大数据和云计算的安全防护模型，能够近乎完美地解决这一安全问题。

对于用户基数非常庞大，业务逻辑极其复杂的网络，如果采用上面所说的传统的安全防护体系，无疑是徒劳。但是大数据和云计算技术的不断发展，使这一工作逐渐地变成可能❶。

---

❶　中国安防展览网大数据形势危急安全防护体系建设怎么办 [EB/OL] [2014-07-06] http: //www.afzhan.com/news/detail/32483.html.

三、大数据云计算安全体系的发展方向

（1）加大对电力大数据信息安全的统一立法工作。由于个人信息安全迫切需要完善法律规制保护，国家应当实施统一立法工作，利用法律保护大数据时代个人信息的安全和隐私。一是要加强立法调研工作，由国家主导，组织相关法律专家、人民群众、大数据领域资深人士、科学工作者深入大数据产业的各个环节进行考察，广泛征询各界人士和人民群众的看法，问计于民，为科学、民主立法提供依据和可参考的点。二是尽快开展立法工作，明确以权利和义务为主体，规范政府、企业、个人等各方大数据的建设和使用的行为准则，同时通过调研对于个人信息的保护进行立法实践，深入研究国外对隐私保护和个人信息保护的法律法规，参考国际组织提出的八项个人信息保护原则，出台和我国国情比较相符的隐私保护法规，做到在维护我国公民权利的同时，保障在国际上公平公正的信息合作交流秩序。三是加大惩处力度，严厉惩处通过大数据侵害个人隐私信息的违法犯罪行为，通过严厉的打击消灭犯罪分子的侥幸心理，保护大数据产业的规范，从而让其得到持续性发展。

（2）大力构建政府监管和电力行业自监管体系。一是在国家的领导下建立统一的监管和规范机构，建立良好的机制，要着重加强对个人信息保护的监管，制度一定要严格并且统一。制定合理的认证流程和法律，对电力企业生产经营活动进行安全监督，对数据的存储方和使用方进行跟踪评估。二是利用国家统一的法律规制和强制的行政监管，充分发挥电力行业自律和互相监管这一低成本和高效率的管理法宝的作用，引导电力行业制定与本行业比较贴切的行业法规和规则，建立电力行业内企业之间的举报和互相监督的机制，在兼顾行业发展的同时保证国家法律规制权威性和灵活性。

（3）大数据产业需要国家给予足够的支持和推动。强大的大数据产业和蓬勃发展的信息安全产业是息息相关的。首先，国家要实施安全的创新战略，加大对信息安全的关键技术的资金投入，支持电力企业大力进行大数据系统、主机操作系统、主机核心芯片、云虚拟软硬件系统等核心技术的研发，推动网络安全产业集聚发展，建设国家大数据信息安全产业示范基地，逐步完善

产业链和生态圈，支持和鼓励国内机构参与到国际化的评定过程当中去，提升技术自主研发的国际话语权。其次，国家对大数据自主安全产品和信息实施首购制度（支持使用首台首套国内设备的措施，简称首购制度），政府搭建这样的平台向公民和企业推广大数据网络信息安全的服务和产品，加快实时大数据使用跟踪分析和面向个人信息消费领域的安全产品和服务的发展，为人民提供切实可行的安全保护手段。同时国家需要推进大数据安全人才的战略结构性调整，将人才引向大数据的信息安全产业。四是推广与信息安全相关的产品，加快个人信息安全的发展，确保在发生信息数据泄露事件后能进行及时有效的应急处置，同时通过应急产品的发展帮助安全防护产业取得长足进步。

（4）提升公民信息安全的自我保护意识和防范能力。一是加快针对公民个人隐私保护的各种系统和软件的研发，使用户可以自主控制自己信息的暴露量。二是推广和研发数据加密技术，建立目标为数据隐私保护的云、管、端安全模型，主动发现和消灭潜在的威胁。三是发展基于大数据个人信息保护的所有服务流程攻击监测系统和防御系统，迅速挖掘和处理隐藏在海量数据中的非法操作和攻击等各类安全事件。四是加大宣传力度，加强对于个人信息安全相关的法律知识的宣传，提高公民的自我保护意识提高，同时教会公民基本的安全防范技能。五是建立并改进个人信息安全举报和申诉机制，鼓励公民个人、认证服务机构、新闻媒体等社会各界监督和曝光信息安全违法行为，群策群力，齐抓共管，共同营造和谐的大数据时代个人信息安全保护氛围❶。

第三节　电力大数据的存储安全

一、电力大数据存储系统发展趋势

经过十几年的不断探索，研究人员已经在储存结构领域取得了长足的进

---

❶ 中国通信网 2015 年全国两会廖仁斌代表提案一：关于加快建设大数据时代个人信息安全保护体系的建议［EB/OL］［2015-03-09］http://www.c114.net/topic/4628/a885797.html.

步，储存系统在体系结构层面发生了巨大的改变，并且不断向前发展。从最早的单盘和磁盘阵列与服务器直接相连的模式，到现在直接面向对象的存储结构，存储节点直接连接网络，网络存储已经成为当今储存方式的主流。现在存储系统的规模发展得越来越庞大，规模在 PB 级以上已经变得越来越常见。飞速发展大数据存储也带动了其周边产业的发展，例如数据中心在全国范围内不断建设，带动了各种密集型数据的广泛应用。然而在快速增长的背后，越来越多的问题开始暴露出来，I/O 性能、安全防护、能源消耗跟不上大数据的发展步伐，除此之外可扩展性能、数据管理、利用效率也是必须重视的问题。为了解决这些问题，大数据存储技术正以超乎想象的速度迅速发展。

存储系统最早只是作为计算机系统的辅助部分而存在的外部设备，然而现在却发展到作为独立设备而存在，并且蕴藏着巨大市场。随着通信和集成技术的高速发展，信息系统的核心也在不停地转移。如今数据已经取代了计算的核心位置。当年的计算中心，现在已经更名为了数据中心。从称呼的改变可以看出，存储这一要素在信息系统中所占的比重越来越大。处理能力无限强、带宽和容量无限大，是理想中的信息系统。但是现实的情况却难以接近理想化的标准，所以现在存储系统的主攻方向是能在忽略时间、地点和内容限制的情况下高效地访问数据。如果想实现这样的目标，就需要对存储系统的各个方面进行优化和强化，而现在体系结构的不完善、数据组织模式难以完全适用、管理异构存储资源效率不够高，都是现在无法忽略的问题。

存储系统早已经不是外部辅助系统了，现在信息技术已经进入了一个新的时代，即"存储时代"。随着网络环境日益完善，大数据存储必将成为未来的焦点，范围将覆盖全球。网络存储完全有可能成为席卷世界的第三大浪潮，成为继计算机和互联网之后的又一革命性创举。

二、电力大数据存储系统的安全性

随着互联网的无限制扩展，数据信息也呈现出爆炸式的增长方式。在增长的同时，用户数据的安全性也面临着巨大的挑战，主要原因在于网络地理位置的分散性和结构的可扩展性。在面对网络的恶意攻击时，互联网大数据存储系统需要满足四个基本特征。

（1）保密性：数据内容都存在一定的机密性，所以必须保护其内容不被其他用户轻易获取，这样就必须对数据进行加密处理。内容的机密性越高，加密形式就越重要。但是随着存储设备和存储系统逐渐趋于网络化，加密就需要能实现网络共享。网络安全与密码学领域虽然已经有了不少新的研究成果，但是直接应用于数据加密的成果却是少数。

（2）完整性：数据内容在加解密之后必须保证其表达信息准确无误，不能被其他用户篡改、损坏、销毁。现在世界范围内的主流方法主要是数字签名和消息验证。

（3）可用性：授权用户对数据信息必须可以随时访问、修改和销毁。绝不可出现能被任何人随意使用和无法访问自己数据的情况。

（4）系统性：既可以高效地存储和调用数据又可以保障数据的安全是大数据发展一直追求的两个目标，但是这两个目标却存在一定的互斥性。安全措施的运行肯定会占用系统空间，影响数据的使用效率。简单地说，系统的整体设计工作是一项维持性能和安全两者微妙平衡的任务。

三、云环境下的电力大数据存储安全

在本地集中对大量应用数据进行存储与运算是传统的对数据处理的模式，在此模式下进行工作，首先要保证其操作的必要的硬件条件，在硬件条件完备之后还需要专业的维护人员定期对设备进行维护和检修。高额的设备投入和烦琐的维护过程必然会限制这种模式的发展，所以必须开创一种新的发展模式以适应发展的需要。于是以分布服务器为基础的大规模数据处理模式应运而生，也宣告"云"时代的正式到来。

云计算的理论研究领域日益成为新的科研焦点，其众多的周边应用也越来越受到学界的关注，技术进步正在逐渐改变整个 IT、电商和大众的生活。由于云计算具有高效率、低成本、可调节、灵活部署等多种优点，云模式所提供的服务已经被越来越多的客户所接受，能够满足广大客户的要求。

目前，按实际流量收费的服务模式是各大运营商为了提高云计算服务产品

的市场竞争力所采取的普遍方式。就云计算服务而言由于所有的云数据都存储在网络云服务器上，保护用户的数据安全是当前必须尽快解决的首要问题。在云端直接对用户的数据信息进行加密是当前的一种主流安全防护方法，但是这种方法的损耗过大，如果不能寻找一种新的安全防护方法，必然会限制云服务的发展。当务之急是找到一种既可以满足安全性要求，又可以减少效率损耗的加密方案，唯有如此，云服务的质量才能更上一层楼。

基于云的数据传输模式下，需要在保障运行效率的基础上提高数据安全性。

以分布服务器为基础的大规模数据处理模式下，数据泄露是常见的安全问题。如果无法解决数据外泄问题，云服务的推广和发展都将受到严重的制约。据不完全统计，安全问题是客户是否接受云的首要顾虑，电力行业如果想推广云服务并让更多的用户接受该服务，必须确保用户在使用云服务过程中不会存在任何安全问题，并尽可能地降低潜在的数据安全风险。

从云计算的工作原理来看，云数据安全存在两大主要缺陷：一是云服务商对各个云端的各类用户数据具有直接获取权，而且现在社会上还没形成对云服务商的管理机制，云服务商也缺少自我约束和加密机制；二是享用云服务的用户数据存储在网络服务器上，如果不采取相应的安全措施，存储在云端的数据无异于完全暴露。即使采取了一定的简单安全措施，从理论上来说，黑客只要能攻破一点就能窃取或者毁坏整个数据链。这样数据存储传输将面临泄漏、篡改、复制、删除等一系列安全风险。

随着云计算这一概念被越来越多的人所接受和熟知，数据的安全问题已演变成为亟待解决的大问题。那么安全策略就必须能够药到病除，不能停留在治标不治本的状态下。所以新的安全研究方向是要从现存的安全威胁和安全请求中找到能在根本上提高云的防护等级的方法。

云计算可以说是一把双刃剑。因为云计算的基础是分布式网络，所以在这样一种开放的体系中，只要是存在于互联网内的任一终端机，都是这张巨大数据网络中的一个链接节点。如果安全措施不能有效地运行或者安全措施自身缺乏完善，那么理论上只要通过任意一台网络终端就可以接入整个数据网络，这样云计算所面临的风险将会被无限制地提高。除此之外，数据在传输过程中的损耗、数据如何长期存储、恢复受损数据都是整个云计算体系中有待解决的问题。云端的数据安全存储是一个有广阔发展空间的领域，既要保障数据的安全性，又得进行高效的运算。当客户使用云服务时，加密的数据会以随机分配的方式储存到云端的任意一个空间内。在非授权用户看来，加密之后的数据将被显示为一组杂乱的无序乱码。如果云计算服务商是安全且可信的，那么接下来需要的就是开发一种新型高效的云数据安全存储策略，其前提是必须以提高云数据安全性与运算效率为目的。

目前来说使用范围最广的数据加密算法是对称加密算法和非对称加密算法。对称加密算法简单地讲是服务商与客户达成一种协议，在此协议下双方用同一套密码进行加密或者解密。这样可以快速且高效地进行加解密，而且算法简单；但是在这样的优势下也存在着安全性差、保密性不强的缺点。所以为了更好地提高安全防护就不得不使用更为烦琐和复杂的非对称算法。此算法是商客双方使用不同的密码对数据进行加解密运算，服务商拥有着加密密码，而客户手中掌握着解密密码。这种算法下密码的组合方式多种多样而且其安全性能大大提升，但是需要牺牲部分的运算速度与效率。绳子结打的越紧也就越难打开，数据的加解密运算也是同样。对于共用一套密码来说，供求双方就必须严格的遵循密钥管理机制。但是对于分布式云计算来说，这种机制会变得异常的烦琐，导致对称加密算法的成本大大增加。但是如果采用非对称式算法又会出现算法烦琐、效率低下等问题，这样就无法满足大数据"快"这一特性的要求。针对这一矛盾，可以考虑将对称与非对称加密算法相互组合使用来解决云数据的安全存储问题。

第四节　电力大数据的安全管理

习近平总书记在中央网络安全和信息化领导小组第一次会议上强调指出，没有网络安全就没有国家安全，没有信息化就没有现代化。近年来，信息化正在逐步进入大数据时代,上到国民经济、国防建设等社会各行各业,下至公民个人的状态信息和行为轨迹都正在广泛地以数据的方式被记录下来。在继海、陆、空、天四大国家主权之后,又一新的主权领域已经出现,那就是国家在网络空间所占有的主权。面对新一轮的技术引领浪潮,加强电力大数据安全管理,防止大而无序、大而无力、大而无安的问题出现,争取实现大有所长、大有所用,在电力行业现代化信息建设中变得至关重要❶。

一、电力信息安全管理存在的问题

1. 电力信息系统内的问题

当今电力信息安全管理系统主要由行政系统、市场营销系统以及电力生产与控制系统构成,因此分析电力系统内部问题也应从这三个方面进行分析。

(1)电力生产与控制系统。微机防护及其安全自动装置、电厂监控系统、变电站自动化分配系统以及配电网络自动系统,是构成电力生产与控制系统的主要组成部分。由于这些系统直接关系到电力企业的生产与日常运营,因此系统可控性、可靠性必须要高。虽然,电力企业利用冗余技术、防电磁干扰技术有效规避了一些系统安全事故,但是系统内依然存在电力信息被窃取、篡改以及流失的风险,导致电力信息无法确保真实性、实效性、准确性以及完整性。此外,由于计算机会遭受病毒、逻辑炸弹以及植入蠕虫等影响,使得电力信息系统安全性受到严重影响。

(2)市场营销系统。市场营销系统作为电力企业整个系统中与盈利直接相关的系统运行环节,不仅为电力企业与用户之间搭建桥梁,而且是联系电力物资供应商与供电企业之间的纽带。然而,伴随市场经济的飞速发展,市场营销系统需要面对更多的用户以及厂家开放,客观上增加了影响系统稳定运行的因素,影响电力信息的安全管理。

(3)行政管理系统。物资管理系统、财务管理系统、自动化办公系统以及人事管理系统,是组成行政管理系统的主要系统形式。由于行政系统开放性较

---

❶ 余芯大数据时代的安全管理策略[EB/OL].[2013-09-27]http://wwwjifang360.com/news/2013927/n562352932.html.

强，使用人员较为繁杂，且系统内信息下载、上传现象较为频繁，导致在行政管理系统较为频繁的使用中，容易受到病毒的侵袭，影响系统内信息的安全稳定性。同时，采用 Windows、Liunix 等操作系统的行政管理系统需要定期升级、维护，然而由于电力企业信息系统发展较为滞后，导致系统内长存在较多漏洞，不仅影响系统信息安全，也影响系统工作效率。

2. 电力信息软硬件发展不均衡

受信息技术重硬轻软发展理念的制约，导致当今电力企业信息安全管理系统软硬件发展极不均衡，虽然在入侵检测、防火墙、杀毒系统迅速发展下，企业泄密、病毒传播、资源滥用等情况得到了有效控制，但是信息安全监管、内部审计安全、资源采购安全管理等软件系统仍处于发展初期阶段，导致电力企业信息安全无法得到全面控制。影响电力信息软硬件发展不均衡的主要原因，是由于当今社会缺乏针对电力信息安全技术深入研发的技术人员，导致信息系统的安全性，无法满足电力企业发展对信息安全的需求。

3. 管理制度以及操作人员安全防范意识的薄弱

计算机网络信息系统使供电公司飞速发展，但是电力信息安全管理制度的完善还未落实，管理过程中不能良好引导操作人员。近年来，操作人员对网络安全问题的防范意识麻痹，只是消极应对安全问题，在进行网络的控制管理工作时，对于身份验证时过于简单和随意，重要供电公司对信息的保护力度不够，员工对网络信息安全重要性的认识不足，这是安全问题时常发生的原因之一。

目前我国电力行业应用大数据面临的最大风险问题是数据安全管理问题。为了方便数据的分析与处理，将海量数据集中存储，这样就会出现由于安全管理不当所造成的大数据丢失和损坏，进而引发毁灭性的灾难。随着网络技术的不断发展，窃取他人隐私已经不需要采用强制性或物理上的手段了，个人数据的安全性所面临的风险也远远高于以前。现在我国电力行业对于大数据的保护能力非常有限，各类安全手段还不完善。数据被窃取的事件频繁出现且短期内难以改善。我国电力行业对于数据安全保护的观念和意识也十分淡薄，无论是个人数据还是商业数据，都没有一套完善的安全保护理论体系。基于网络的交

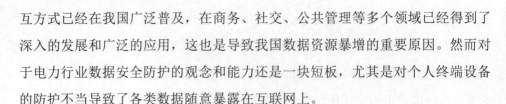

互方式已经在我国广泛普及，在商务、社交、公共管理等多个领域已经得到了深入的发展和广泛的应用，这也是导致我国数据资源暴增的重要原因。然而对于电力行业数据安全防护的观念和能力还是一块短板，尤其是对个人终端设备的防护不当导致了各类数据随意暴露在互联网上。

二、电力大数据安全管理特征

电力大数据的"大"不仅仅说明其数据规模庞大，更说明了其数据对各个领域的大范围覆盖。促进不同领域间数据的共享，提升数据分析能力就能挖掘出更多信息的隐藏价值。大数据与传统的信息安全相比存在许多新特点。

1. 风险系数不断攀升

对电力行业信息安全防护的传统方法好比是用围墙将整个数据围护起来，其通道往往依靠层层关卡进行保护。但是在大数据时代，数据爆炸式增长，而且变得越来越难以控制，以往那些"围墙"过于封闭和独立，难以保护当今的数据海洋。数据的来源越来越多样且难以控制，数据整合与储存难以应对庞杂的数据种类，数据的审核和发布难以满足外部数据不断更新的要求。

2. 数据获取隐蔽性增强

当今各类电子传感设备在日常生活中随处可见，这些设备无时无刻不在收集着人们的各种信息和行为轨迹，而且现在网络上存在各种各样的服务需要让用户主动地上传个人数据。数据正在被越来越公开地不停"窃取"。这些方式往往是人们意识不到的，其隐蔽性之高更是难以想象。而且对数据流进行关联对比就可以掌握整个领域的运行规律，进而攫取巨大利益，例如对比一个领域内资金、物流、消费、能源的数据流动就可以估算出当地的经济现状。

3. 动态化显隐难辨的数据价值

传统的碎片化数据的信息价值是显而易见的，而如今大数据的价值是浮动的，其价值会随着数据量的累积不断升值，不断发展的技术也会增加其数据的价值。目前看似毫无用处的碎片信息完全有可能随着数量的积累成为具有难以估价的巨大宝藏。所以对电力行业数据的安全保护就显得非常重要，因为其隐形价值是难以估量的。这样也对如何动态保护数据安全提出了考验。

4. 电力数据安全影响范围扩大

现如今大数据时代存在着线上线下交错、虚拟现实难辨、软件硬件交叠、领域界限模糊的特点。核心数据必定是各方利益争夺的主战场，各方势力都会为了更多地攫取数据利益而开始一场数据渗透战。这样数据的安全就不仅仅在金融、商业等物质领域存在影响，甚至还会影响到整个文化意识形态，在人文精神领域产生作用。毫不夸张地讲，电力大数据安全甚至在国家稳定、战争形态、国防安全等方面占有一席之地。

三、电力大数据安全措施

（1）做好电力大数据全生命周期的安全保护。电力大数据来自生产数据和运营管理数据，应重点从数据采集与传输、存储、使用等数据全生命周期开展安全保护工作。从数据采集到数据传输的加密保护，数据存储的可用性完整性保证，再到数据使用和恢复的准确性要求，期间应从政策制度规定到技术管控，全面评估关键数据所面临的暴露面威胁，有针对性地制定各阶段防护策略，确保核心数据资产安全。转移数据防护重心，由"基础防护"向"精准防护"合理转变，解决价值数据安全"看不见、看不准、看不实"的问题。

（2）提升电力大数据安全管理水平。"数据安全三分靠技术，七分靠管理"。电力海量数据中不仅包括大量用户隐私信息，还涉及企业经营决策信息，甚至关系国计民生以及国家决策的重要信息。以用户隐私为例，如目前第三方交互支付平台缴电费过程中，对一些用户地址、联系方式等隐私信息进行部分隐藏式的显示，以避免信息泄露，同时隐私信息不提供第三方存储。在开展电力大数据的安全管理方面，一是做好电力大数据建设的规范统一。制订电力行业统一的安全规范框架，各级各类信息的网络互联、数据集成、资源共享、全周期隐私保护均在统一的标准下运行，实现大数据管理和使用的正规有序。二是做好电力大数据安全风险评估。针对电力大数据的不同类别，如营销数据、用电数据、预警数据等按照重要程度分类管理，设置不同的安全风险等级，制订安全防范措施，最大限度降低用户用电信息泄露的隐患。三是要提高电力企业员工安全意识。对企业存储的电力大数据类型和数据防护知识开展培训，让员工意识到数据的价值，充分认识自己工作中数据安全的重要性。结合实际周期性地进行安全攻击演练，提高防范效果。

（3）加强电力行业基于安全大数据的技术防护。所谓的安全大数据是指业务安全、系统安全、网络安全、硬件安全有关的配置数据、实时数据、衍生数据等。目标是通过有效的数据挖掘算法从各类数据中发现隐含的有意义的信息从而为安全提供支撑和保障。电力行业应建立基于安全大数据的威胁发现技术，超越以往的（P2DR）模式，更主动地发现潜在的安全威胁，例如某电网正在试运行的安全 SOC 平台（S6000）。通过在威胁检测方面引入大数据分析技术，可以更全面地发现针对企业数据资产、软件资产、实物资产、人员资产、服务资产和其他为业务提供支持的无形资产等各种信息资产的攻击。通过建立基于安全大数据分析技术，可以使分析内容的范围更大，威胁分析窗口可以横跨若干年的数据，因此威胁发现能力更强，可以有效应对 APT 类攻击。

（4）用战略和长效的眼光思考安全问题。大数据给电力行业带来了机遇也带来了挑战，大数据在电力行业应用越广泛，其带来的价值也越大。以数据安全为中心的安全管理理念将改变传统的工作思路，必须要从大数据安全战略角度来认识电力信息安全问题，必须要认清国内外大数据安全的新变化、新特点、新趋势，深入分析当前形势下的大数据安全的突出问题，明确我国大数据发展的战略目标和战略重点，统筹谋划电力大数据应用、关键技术研发、数据保护、法律法规等关键布局，才能确保电力大数据信息安全发展战略与我国国情保持一致，并不断完善。

（5）正确处理电力大数据发展与安全的关系。正确处理发展与安全的关系，"以安全保发展，在发展中求安全"，保障安全、促进发展是贯穿科学建立电力大数据安全技术体系，促进电力大数据发展的根本原则。从以往信息安全的发展成熟度来看，大数据安全保障的应用效果也不会立竿见影。应发展自主可控的电力大数据技术与加强信息安全管理并重，加快建设信息安全基础设施，发展大数据安全产业，改善基础应用环境，做到"基础安全有保障"，在这个前提下，以风险评估、等级保护等多种手段为依托，承受一定范围的可控风险，全速发展电力大数据安全工作。

四、构建电力大数据安全防护体系

目前我国电力大数据发展正处于上升阶段，既要应对传统的安全问题，又同时面临着许多新的安全风险。如何实现电力行业数据自主掌握和处理、规范的数据应用、有效的安全保障都是目前存在的问题。所以我国应加快有关数据法律体系的建立，强化自主控制权，加大对数据隐性价值的发掘等。建立我国电力大数据的安全防护体系，保障我国电力大数据可以安全、快速地度过发展期，开创一个良好的数据安全局面是当务之急。

"大而无序"是我国电力大数据发展面临的主要问题。应对这一问题的最有效方法就是让数据安全有法可依。目前，我国电力大数据的安全应用无论是在理论方面还是在实践方面都不够健全，还没有完善的应用规范和统一的技术标准，而且相关法律也有待完善。对于应用领域的界限划分也不清晰，共用、专用、安全、非安全应用之间没有一个严格的区分标准。因为新模式刚刚建立，还缺乏行业的底线约束和明确的规则规定，这样就会造成层出不穷的数据安全问题。如果能在法律层面提出国家主权，就能有效缓解这种"大而无序"的问题。所以我国需要尽快地制定数据信息安全的有关法律，积极地参与国际上相关标准、公约的签订，伸张我国在数据信息领域的主权，明确我们的权利，履行我们的义务，同时还要提防发达国家利用技术优势对我国进行渗透和威胁。在法律层面也要加快步伐，借鉴其他各类安全法律制定有效的、完善的数据信息安全法，在司法层面明确数据获取、使用等各类权利的责任，对非法的行为要进行有效的惩戒或打击，建立一套基于民事、行政、刑事三位一体的保护数据信息法律体系，改善我国目前数据领域的现状。

"大而无力"也是当前必须面对的一个状况，所以要尽快实现对关键装备、核心领域与人才的自主可控。当前，我国还没有普遍应用自主生产的软硬件设备进行数据的产生、获取、处理和存储等处理，简单地来讲就是数据信息好比是旅客，软硬件设备好比是车，而我国的现状就是从车到马路再到车库基本没有自主生产的。信息在网络上完全暴露，毫无安全隐私可言。由于通过各种网络渠道进行数据窃取已经成为一种有效攻击手段，西方发达国家一直没有停止过对我国的电力行业数据窃取和安全进攻，所以加快自主关键安全设备的研发必须提上日程。在国计民生、国家安全等关键领域推广使用已经具有成熟技术的国产设备，加快国产化替代步伐，集中力量对核心设备进行攻关研发，力求早日实现设备的独立自主。设备从研发成功到完全装备应用还需要一定的时间，也要坚持"从应用到发展，从发展到完善"的原则。除了设备问题外，我国也要大力培养相关领域的高素质、高水平的专业型人才。

"大而无安"是我国存在的第三个问题，必须高度重视电力大数据价值保护。目前，许多传统数据安全理念和技术手段仍然在我国关键基础设施领域使用，对于我国现在的安全防护来说，更多的还只是停留在被动防御的层面，无法做到主动出击。这样完全有可能出现平时被隐藏控制，战时完全瘫痪的情况。单从斯诺登爆料出的美国"棱镜计划"这一件案例就能看出我国数据安全领域存在的巨大漏洞。要防止"大而无安"现象的出现，首先要做到显性和隐性价值同等重视，要对那些可以预测到的隐形价值加以重点防护，对涉及国防、经济、安全等敏感领域进行开放限制。其次要按类别、按等级进行强化管理，按等级的重要程度进行安全防护。凡是涉及个人隐私、商业秘密和政府数据的就要加快从法律层面进行保护。对于国家公共服务事业包括交通、通信、物流、医疗、国防等信息要根据其重要等级采取相应的安全防护措施。提升公民信息安全意识，发动社会公众力量进行信息安全的防御，简单来说就是"全民皆兵"，信息领域的安全不可能只靠专职部门进行保护，只有提高全社会的安全防护观念才能从根本上保护数据的安全。平时建立的数据安全保护应用，在战时保障国防优先，这样就可以在数据安全领域实现国家网络空间安全等级的一个飞跃。

五、关注未来电力安全发展

网络安全问题越来越多，种类也复杂多变。据某病毒库统计，每周都会发现超过 40 万份的新式病毒样本，其中很多病毒都有目的地进行隐藏，秘密进行数据窃取，不断自主升级进化。据不完全统计，超过 80% 的企业都遭受过高级别安全攻击。2015 年基于网络进行通信的设备高达 150 亿件，单从这一点就能看出如今大数据时代下数据安全风险的复杂多变，随着安全诉求的不断增加，急需各类可以有效应对危险的新技术新设备。随之而来的便是企业管理的复杂度不断增加，而且技术成本压力也会随着投资复杂度不断增高。安全互联的防御方式具有可以实时监控，获取安全信息的特点，可以有效地扩大安全防御向纵深发展。如果这种方式可以得到广泛应用就可以提高安全防御等级，更快速地发现隐藏的安全威胁。

电力企业和组织中数据信息资源所产生的一切安全信息，都可以成为安全信息与事件管理的来源。所以有必要对这些信息监控、采集、分析。通过这些安全报告分析出这次威胁到底是来自外部的入侵行为还是内部的违规问题，然后形成相应的分析调查报告，通过这样的方式可以实现对 IT 领域数据资源的有效管理，提升电力企业的安全防护能力。如今电力企业每天都在产生大量的安全数据，较以往相比已经增长了很多，并且安全威胁也演变得更加隐蔽且难以察觉，很多威胁会利用数据进行掩饰。这样一来下一代网络安全管理系统就需要在性能等很多方面做出突破性的进步。单从数据挖掘的角度来说，电力大数据的网络安全管理系统就必须具有更强劲的能力，这样才能挖掘到更多隐形的数据，实现对潜在威胁的提前预警。

传统模式下的电力网络安全管理系统无法应对当今的大数据"洋流"，其存储方式还是扁平式的，或者是关系型数据库。虽然能够快速地进行数据存储，但是扁平存储方式的索引能力差却是其一大硬伤，难以高效率地进行查询和分析。而关系型数据库却又是以牺牲速度为代价来换取高效的索引性能。新型的网络安全管理系统正是大数据时代所急需的，要求其既能够很快地读写数据，又能够实现快速地查询工作，并且要有非常好的专属数据库。能够识别更多上下文信息和数据背景，实现基于应用程序的识别也是对下一代网络安全管理系统提出的要求。简单说来，就是要能够分析再操作的来源是谁，其位置在哪，其使用的应用有哪些，这些应用调用了哪些文件，文件能容是什么等一系列问题。要更深入地分析和安全呈现需要识别应用才能做到。这样新一代的网络安全管理系统如果实现对安全系统本身进行监控和分析的话，就可以在 APT 没开始正式攻击之前发现它,并能够及时阻断它的下一步攻击。而且,实现连接全球安全数据库,更加快速高效的分析危险源,将信息安全隐患消灭在萌芽状态。

大数据这把双刃剑在给电力行业带来机遇的同时也带来不小的挑战。数据的威胁通常来自外部攻击和内部管理纰漏两个方面。长期以来,在信息安全方面,外部攻击防御手段比内部管理技术应用得更为广泛。然而近年来,社会关注度已经逐渐向有关信息安全内部管理的技术转移。强化电力大数据安全管理既可以促进组织自身的发展又可以提升行业、市场与社会的发展,而且有效的数据安全管理可以促进信息资源的有序开发和利用。

随着电力大数据的应用领域和应用范围不停地扩张,越来越多的人开始接纳并使用大数据技术。认识大数据时代的来临非常重要,因为"数据"真正作为"资源"的时代来临了。对于电力大数据的存储来说,在计算机系统发明之初,存储系统只是作为具有辅助作用的外部设备,如今已经是一种占有庞大市场份额的独立系统。随着科学技术的不断进步,信息系统的核心已经从"计算"转移到了"数据",处理、传输和存储这三要素在系统中所占的比重也在不断变化。对于"信息中心"的称谓已经变成了"数据中心",存储要素开始占有越来越重要的地位。在商业应用方面,利用大数据技术,就可以通过对数据进行汇总、整合、分类、分析等处理,找出数据中的内在关联,是一种便捷的资源管理技术,也是数据增值的一种方式。

电力大数据的安全问题始终是无法回避的。在如此开放的网络环境下,数据被恶意破坏、窃取篡改已经变得非常常见。要从根本上解决安全问题,必须建立一个完善的安全体系。

参 考 文 献

[1] 丁锋. 大数据安全［M］. 北京：中国言实出版社，2016.

[2] 王继业. 电力大数据技术及其应用［M］. 北京：中国电力出版社，2017.

[3] 王扬，于海涛，张旭，等. 电力大数据基础平台建设与应用实践［M］. 北京：中国电
力出版社，2016.

[4] 张尼. 大数据安全技术与应用［M］. 北京：人民邮电出版社，2014.

[5] 姚剑波，杨朝琼，曾羽，等. 大数据丛书系列：大数据安全与隐私［M］. 成都：电子
科技大学出版社，2017.

[6] 赖征田，万涛，张沛，等. 电力大数据 能源互联网时代的电力企业转型与价值创造［M］. 北
京：机械工业出版社，2016.

[7] 崔奇明. 大数据概论［M］. 沈阳：东北大学出版社，2016.

[8] 李金超. 现代电网企业运营管理理论与方法研究［M］. 北京：知识产权出版社，2013.

[9] 国网浙江省电力有限公司. 电力大数据系统开发与应用［M］. 北京：中国电力出版社，
2018.

[10] 冯登国. 大数据安全与隐私保护［M］. 北京：清华大学出版社，2018.

[11] 王世伟，俞平，轩传树. 大数据与云环境下国家信息安全管理研究［M］. 上海：上海
社会科学院出版社，2018.

[12] 江克宜. 用数据说话 迎接电力营销服务的大数据时代［M］. 北京：中国电力出版社，
2014.

[13] 谭如超，夏候玮明，杨济海，等. 量子图像水印技术在电力大数据中的应用［J］. 电
力大数据，2019（2）.

[14] 孟威，王玉东，杨金梅，等. 电力大数据安全分析和预警研究［J］. 智能电网（Hans），
2018（1）.

[15] 郭乃网，苏运，瞿海妮，杨洪山. 电力大数据安全体系架构研究与应用［J］. 中国电

业（技术版），2016（4）.

[16] 张博，刘圣通. 浅议电力大数据信息安全分析技术 [J]. 名城绘，2019（3）.

[17] 李彦俊. 浅析电力行业大数据应用及安全风险 [J]. 中国科技投资，2018（13）.

[18] 郭乃网，赵磊，方炯. 电力行业的大数据安全防护研究 [J]. 电子技术应用，2015（z1）.

[19] 党阳. 探讨电力行业的大数据安全防护 [J]. 电子技术与软件工程，2015（20）.

[20] 刘福君，包鸣. 智能电网中的电力大数据应用 [J]. 科学导报（科学工程与电力），2019（6）.

[21] 刘凯乐，徐建兵，龙鹏，等. 电力大数据的数据保密技术研究 [J]. 电力与能源，2018（2）.

[22] 齐超，周艳尼，万上英，等. 电力大数据的可视化展现技术 [J]. 电子技术与软件工程，2018（4）.

[23] 刘玉芳，高骞，徐超，等. 电力大数据价值与应用需求分析 [J]. 中国管理信息化，2018（20）.